青少年网络素养读本·第1辑 　　罗以澄　万亚伟　主编

# 互联网与未来媒体

## HULIANWANG YU WEILAI MEITI

黄洪珍　著

宁波出版社

NINGBO PUBLISHING HOUSE

# 总　序

　　互联网技术的快速发展和广泛运用为我们搭建了一个丰富多彩的网络世界,并深刻改变了现实社会。当今,网络媒介如空气一般存在于我们周围,不仅影响和左右着人们的思维方式与社会习性,还影响和左右着人际关系的建构与维护。作为一出生就与网络媒介有着亲密接触的一代,青少年自然是网络化生活的主体。中国互联网络信息中心发布的第 40 次《中国互联网络发展状况统计报告》显示,我国网民以 10—39 岁的群体为主,他们占整体网民的 72.1%,其中,10—19 岁占 19.4%,20—29 岁的网民占比最高,达 29.7%。可以说,青少年是网络媒介最主要的使用者和消费者,也是最易受网络媒介影响的群体。

　　人类社会的发展离不开一代又一代新技术的创造,而人类又时常为这些新技术及其衍生物所控制,乃至奴役。如果不能正确对待和科学使用这些新技术及其衍生物,势必受其负面影响,产生不良后果。尤其是青少年,受年龄、阅历和认知能力、判断能力等方面局限,若得不到有效的指导和引导,容易在新技术及其衍生物面前迷失自我,迷失前行的方向。君不见,在传播技术加速迭代的趋势下,海量信息的传播环境中,一些青少年识别不了信息传播中的真与假、美与丑、善与恶,以致是非观念模糊、道德意识下降,甚至抵御不住淫秽、色情、暴力内容的诱惑。君不见,在充满魔幻色彩的网络世界里,一些青少年沉溺于虚拟空间而离群索居,以致心理素质脆弱、人际情感疏远、社会责任缺失;还有一些青少年患上了"网络成瘾症","低头族""鼠标手"成为其代名词。

2016年4月19日,习近平总书记在网络安全和信息化工作座谈会上指出:"网络空间是亿万民众共同的精神家园。网络空间天朗气清、生态良好,符合人民利益。网络空间乌烟瘴气、生态恶化,不符合人民利益……我们要本着对社会负责、对人民负责的态度,依法加强网络空间治理,加强网络内容建设,做强网上正面宣传,培育积极健康、向上向善的网络文化,用社会主义核心价值观和人类优秀文明成果滋养人心、滋养社会,做到正能量充沛、主旋律高昂,为广大网民特别是青少年营造一个风清气正的网络空间。"网络空间的"风清气正",一方面依赖政府和社会的共同努力,另一方面离不开广大网民特别是青少年的网络媒介素养的提升。"少年智则国智,少年强则国强。"青少年代表着国家的未来和民族的希望,其智识生活构成要素之一的网络媒介素养,不仅是当下各界人士普遍关注的一个显性话题,也是中国社会发展中急需探寻并破解的一个重大课题。

网络媒介素养既包括对媒介信息的理解能力、批判能力,又包括对网络媒介的正确认知与合理使用的能力。为此,我们组织编写了这套《青少年网络素养读本》,第一辑包含由六个不同主题构成的六本书,分别是《网络谣言与真相》《虚拟社会与角色扮演》《网络游戏与网络沉迷》《黑客与网络安全》《互联网与未来媒体》《地球村与低头族》,旨在帮助青少年读者看清网络媒介的不同面相,从而正确理解和使用网络媒介及其信息。为适合青少年读者的阅读习惯,每本书的篇幅为 15 万字左右,解读了大量案例,并配有精美的图片和漫画,以使阅读与思考变得生动、有趣。

这套丛书是集体才智的结晶。编写者分别来自武汉大学、郑州大学、湖南科技大学、广西师范学院、东莞理工学院等高等院校,六位主笔都是具有博士学位的教授、副教授,有着多年的教学与科研经验;其中几位还曾是媒介的领军人物,有着丰富的媒介工作经验。编写过程中,他们秉持知识性、趣味性、启发性、开放性的原则,不仅带领各自的学生反复谋划、研讨话题,一道收集资料、撰写文本,还多次深入社会实践,倾听青少年的呼声与诉求,调动青少年一起来分析自己接触与使用网络的行为,一起来寻找网络化生存的限度与边界。因此,从这个层面上说,这套丛书也是他们与青少年共同完成的。还需要指出的是,六位主笔的孩子均处在青少年时期,与大多数家长一样,他们对如何引导自己的孩子成为一个文明的、负责任的网民,有过困惑,有过忧虑,有过观察,有过思考。这次,他们又深入交流、切磋,他们的生活经验成为本丛书编写过程中的另一面镜子。

作为这套丛书的主编之一，我向辛勤付出的各位主笔及参与者致以敬意。同时，也向中共宁波市委宣传部和宁波出版社的领导、向这套丛书的责任编辑表达由衷的感谢。正是由于他们的鼎力支持与悉心指导、帮助，这套丛书才得以迅速地与诸位见面。青少年网络媒介素养教育任重而道远，我期待着，这套丛书能够给广大青少年以及关心青少年成长的人们带来有益的思考与启迪，让我们为提升青少年的网络媒介素养共同出谋划策，为青少年的健康成长共同营造良好氛围。

是为序。

罗以澄

2017 年 10 月于武汉大学珞珈山

# 目　录

> ## 第一章　互联互通　连接未来 <

## 第二章　沉浸体验　智能应用

> ## 第三章  知识生产  智慧共享 <

> ## 第四章  万物皆媒  人机共生 <

# 第一章

# 互联互通 连接未来

　　什么是网？有人说，网是用绳线编造而成的玩意儿，是一张具体的并且看得见摸得着的东西。当然，也有人说，那也有看不见摸不着的网呀，比如生活网、关系网等等。如今世界上最大的网是什么呢？它究竟有多大？我们每个人都包含在其中吗？

　　也许你已经猜到了，这个世界上最大的一张"网"，名叫互联网（Internet），对它你一定不陌生。

　　我们处在互联网时代，没有人能够逃离时代，或与时代背道而驰。互联网这把双刃剑，既丰富着我们的生活，让生活更便利，又侵蚀着我们的时光，给予我们光怪陆离的诱惑。它究竟从何而来，有怎样的演变，未来会带给我们什么？

　　让我们一起走近互联网。

# 第一节 互联网的兴起

💡 你知道吗？

每天你都会和很多人擦身而过。大多数时候，我们对他们一无所知，他们只是陌生人而已。不过，也许有一天，他们会变成你的朋友或是知己。

你猜猜，一个人如果想要认识在这世界上任何一个角落的任何一个人，需要通过几个人？

根据著名的"六度空间理论"，可得出结论：通过六个人，足以与全世界任何一个人产生联系。

而如今，有了互联网，无须六个人，只要你在网络的天空下，你就可以和世界上的任何人产生联系。

"每一个人都可以站在大地，分享这个世界，并触摸天空。"这就是互联网的力量。

## 一、什么是互联网

公元前 176 万年，人类创造了阿舍利石斧，它集中体现了人类在旧石器时代的工具制造水平。它成为人类艰难生存下来的重要保障。人类通过手对石器进行加工打造，对整个外部世界有了和其他动物根本不同的认识，也使人类最终走上了和其他动物根本不同的进化道路。阿舍利石斧，是人类创造的第一个最重要的工具。

人类的发展经历了漫长时期。最重要的进化，是学会使用工具，有了"技术"。

200多年以前，轰隆隆的蒸汽机的声音，带领着人们进入了蒸汽时代。人类发现，原来大地就是一座宝藏，蕴藏丰富的能源，一经利用，巨大的力量就喷涌而出。

150多年前，人们发现了电；于是，除了天空的颜色，夜晚与白天似乎没有什么差别。随着电灯、电话等的发明和广泛使用，电气时代到来了。

五六十年前，人类文明有了巨大的飞跃，美、苏两大帝国的"冷战"，使核能、电子计算机等技术迅速发展，当然，还有一系列的新能源技术、海洋技术等的创新发展，全新的科技时代到来了。

短短200多年，科技发展的速度让我们吃惊，科技的每一次发展，都是人类智慧的结晶，你永远不知道自己拥有怎样的力量，因为知识是永无止境的，科技也是如此。

20世纪中期，人类发明创造的舞台上，一个不同凡响的新事物降临了，众多学者认为，这是人类另一项可以与蒸汽机相提并论的伟大发明。

这项可能创造新时代的事物，叫作互联网。

互联网,又称网际网络,是网络与网络之间所连成的庞大网络,这些网络以一组通用的协议相连,形成逻辑上的单一巨大的国际网络。

对于互联网的理解,我们可以打个比方:每台计算机都是各自独立的,可是,你在千里之外发的信息却能传递到想要到达的地方。为什么?是计算机背后强大的互联网,它通过一组通用的协议构建起一个巨大的国际网络。

**资料链接**

### 纪录片《互联网时代》

《互联网时代》是中国第一部也是全球电视机构第一次全面、系统、深入、客观解析互联网的大型纪录片。全片共10集,每集50分钟。它回答了什么是互联网、什么是互联网时代、什么是互联网社会以及未来互联网的影响等问题。

尽管互联网似乎看不见也摸不着,但我们的生活却与它息息相关,让我们一起再深入地了解这个"最熟悉的陌生人"。

## 二、把计算机连接起来

20世纪中期,"冷战"的阴影笼罩着全世界,美国和苏联两个超级大国之间暗自较量,其中,军事与航空、通信等技术成为重头戏。

1957年10月4日,莫斯科时间22点28分,在苏联的拜科努

互联网是进入新世界的入口

尔航天中心,人类第一颗人造地球卫星"史伯尼克"被送入太空,
这颗83公斤重的"小星星"成为人类居住地以外的第一个人工伙伴。

两个月后,美国总统向国会提出,建立国防部高级研究计划署,简称"阿帕"。他们想"将孤单的计算机连接起来"。

愿望总是美好的,然而它的实现却要付出极大的努力和代价。白日梦永远都是白日梦,只有付诸行动,梦想才可能成为现实。

经过一年半的研究和探索,那个时代的知识精英集结在一起,共同合作,将自己的智慧融入集体,发挥出最大的效益。

保罗·巴兰提出"分布式通信系统"理论,将地球"网罗"起来。

罗伯特·卡恩和温顿·瑟

资料链接

### "东方红一号"卫星

"东方红一号"卫星是中国发射的第一颗人造地球卫星,是由以钱学森为首任院长的中国空间技术研究院自行研制的。它发射于1970年4月24日21点35分。

该卫星发射成功标志着中国成为继苏联、美国、法国、日本之后世界上第五个用自制火箭发射国产卫星的国家。

该卫星设计的工作寿命为20天,于1970年5月14日停止发射信号,与地面失去了联系。由于"东方红一号"卫星的近地点高度较高,因此"东方红一号"卫星至今仍在轨道上。

(来源:百度百科)

夫起草了人类历史上涉及面最广的一份文件——TCP/IP 协议。它定义了电子设备连入因特网，以及数据在它们之间传输的标准。

克兰罗克提出"分组交换"理论，让信息的交换成为可能。

与当时科学家守候的庞然大物相比，今天普通人手中的智能手机显得多么灵巧。

1969 年 10 月 29 日晚上 10 点 30 分，计算机科学家伦纳德·K 教授发给他的同事一条残缺的简短消息，这是世界上第一封电子邮件。

当年，伦纳德·K 教授试图让一台位于加利福尼亚大学的计算机和另一台位于旧金山附近斯坦福研究中心的计算机发生联系。当时登录的办法就是输入简单的三个字母：L–O–G。

输入字母"L"。

"收到了吗？"加利福尼亚大学这方问。

"收到了！"远在旧金山的对方回答。

于是小心翼翼地输入字母"O"。

"有'O'了吗？"

"有了！"

还差一个字母！"G"！输入"G"！

这次，加利福尼亚大学这方没有再发问，因为在输入的一刹那，系统就瘫痪了。

这就是世界上第一次互联网络通信的尝试。现在，我们能通过网络传送语音、图片甚至视频等文件,起源却是科学家们传送的那两个无比简单的字母"L""O"。

也许你觉得,互联网似乎很简单,又似乎很复杂。其实,任何复杂的事情都有一个简单的起源,或许仅仅只是一个异想天开而纯粹无比的念头,或许仅仅只是"Just do it"的一腔热血,或许仅仅只是源于一个不经意的举动。

互联网,就是把简单的想法变成现实。

## 三、万维网与蒂姆·伯纳斯·李

打开电脑浏览器,输入"www.baidu.com",按下回车键,相信大家对这套操作已经驾轻就熟了。当我们上网浏览网页时,总不可避免地需要输入一个网址,而很多时候"www"必定会出现在输入栏的最前端。

"www",这三个重复字母的全称是"World Wide Web",简称W3,中文译名为"万维网"。但互联网和万维网是两个不同的概念。万维网并不等同于互联网,万维网只是互联网所能提供的服务之一,是靠着互联网运行的一项服务。

简单一点来说,万维网是一个由许多互相链接的超文本组成的系统,通过互联网访问终端服务器。它是互联网的一个重要组成部分。

在没有万维网的 20 世纪 40 年代,每个人接收的信息和资源都是有限且孤立的,于是有人大胆地设想:能不能创造一个信息系统,每个人都把自己已有的信息和资源"丢进去",随时随地供全球所有人轻松采撷?

只有想不到的,没有你做不到的。1991 年 8 月 23 日,"互联网之父"蒂姆·伯纳斯·李创造的万维网首次面向公众开放:万维网通过一种超文本方式,把网络上不同计算机内的信息有机地结合在一起,并且通过超文本传输协议(HTTP)从一台万维网服务器转到另一台万维网服务器。

此前,人类已经创造的关于文字、声音、图像的不同文本,是无法沟通的不同符号的世界,但在这里它们被共同的协议驾驭了。那就是所谓的超文本链接。此前,新生的网络世界里,只有专业人士才能通过复杂的程序代码,前往特定的地方,捕捉特定的信息,但蒂姆·伯纳斯·李编写的网页编辑程序使普通人也不会迷路。

这是一个推动人类文明进程的发明,它改变了全球信息化的传统模式,带来了一个信息交流的全新时代。

当时,如果这个年轻的小伙子给自己发明的万维网申请专利,那么财富将源源不断地流入他的口袋。毫无疑问,仅靠万维网,他就能和著名的比尔·盖茨一较高下。

然而,世界上有些东西远远比财富更重要,包括共享与奉献,这也是蒂姆·伯纳斯·李伟大的原因。他并没有选择为万维网申请专利或限制它的使用,而是将它无偿地向全世界开放。

如果给万维网申请专利，每一个创建网站的人均需要付费，互联网极有可能成为高代价的奢侈品，信息时代可能会晚一百年到来，甚至不会到来。

蒂姆·伯纳斯·李，是一个值得被记住的名字，他放弃了成为世界上物质最富有的人的机会，而是选择成为精神最富有的人。小小的个体影响了整个时代。

如果没有万维网，互联网连接世界将成为一句空话。当我们在键盘上敲下"www"进入某个网站时，不要忘记创造它的伟大的人物：蒂姆·伯纳斯·李。

资料链接

### 中国互联网溯源

1994 年 4 月 20 日，中国实现与互联网的全功能连接，成为接入国际互联网的第七十七个国家。自此，我国开始了全面铺设中国信息高速公路的历程，信息时代的大门在国人面前悄然开启。

从 1997 年开始，中国互联网步入快速发展阶段。统计显示，全国网民每隔半年即增长一倍。随着中国互联网第一次浪潮的到来，免费邮箱、新闻资讯、即时通信一时间成为最热门的应用。

## 四、Web 的发展史

互联网网页最初可不是现在这样丰富多彩，它也是经历了漫长的改进历程，才逐步成为如今的模样。

Web 1.0 时代起始于 1990 年，那时候的网站和人是有距离感的，虽然确实容纳着海量的信息资源，但也仅仅是一个信息的提供者。人们在万维网上的主要活动是从网页上获取信息，而信息的传播方式通常是"一对多传播"，传播方向也多为单向的。这就好比你发现自己渴了，可以随时主动地去找到一架自动售货机，买上一瓶可乐，但你没有机会和自动售货机有任何的交流互动。

但人毕竟是有想法的动物，喝完一瓶可乐，你有时会在心里评价：还是冰镇的好喝。又好像上课，只是老师一个人在讲台上传授知识，而不让你们自己思考与提出问题，你一定也会觉得乏味。

技术的发展就是不断满足人类合理需求的过程，就这样，2003 年 Web 2.0 时代到来了。

就像历史上曾经从"君主专制"过渡到"以人为本"，Web 2.0 时代，用户主导互联网内容的生产，可以不受时空限制分享自己的观点，并和他人在网络交流中碰撞出思想的火花。人人都是内容的创造者和传播者，信息的传播方式也由"一对多传播"变成了"点对点传播"，任何两个点之间都可以进行信息的传播和交流,并且这种交流方式是双向的。

也许你认为,Web 2.0 已经够好了,差不多能满足人类的信息检索与表达的欲望。但未来科技总是先从这个"差不多"入手,换句话说,关于未来的一切,没有最好,只有更好。

Web 3.0 已经由业内人士提出,但就目前而言,它虽然有一定的成果,但还只是一个概念上的相关词语。Web 2.0 时代,我们通过各种分类,去选择想要了解的对象。而 Web 3.0 时代,你成了自己网络帝国的国王,通过大数据分析,互联网知道你此刻大致会想要了解的信息和相关的习惯等,它会自己送上门来,互联网表现出一种"沉默的体贴"。Web 3.0 被描述成一条最终通向人工智能的网络进化道路,在不知不觉中,它比你还要了解你自己。

其实呢,Web 1.0、Web 2.0 和 Web 3.0 形象地来说,呈现着以下这种表现特征:

Web 1.0—— 网站是别人的网站 —— 我只是看看 —— 旁观者;

Web 2.0—— 网站是朋友的网站 + 有人和我互动 —— 参与者;

Web 3.0—— 网站是你我的网站 —— 吃喝买卖随自己 —— 主导者。

# 第二节　移动互联网与"互联网+"

💡 你知道吗？

　　互联网使人的交往和联系的圈子大了 —— 秀才不出门，尽知天下事。在另一种程度上，互联网又使人的圈子变小了 —— 人们被电脑和网络的魅力深深吸引，"画地为牢"。

　　不只在家中、办公室等地方使用电脑，如果能把电脑"绑"在身边，到处都是网络，那么不就可以随时随地享用互联网了吗？

　　移动互联网就这样伴随着人类日益增长的精神需求诞生了。

## 一、移动互联网的定义

　　移动互联网与互联网既有相似性，也有差异性。移动互联网相对于互联网而言是新鲜的事物，它的定义有广义和狭义之分。广义的移动互联网是指用户可以使用手机、笔记本电脑等移动终端通过协议接入互联网。狭义的移动互联网则是指用户使用手机终端通过无线通信的方式访问采用无线应用协议（WAP）的网站。

你大概没有体验过第一代移动通信技术（1G）的"酸爽滋味"。1G 在 20 世纪 80 年代初提出，完成于 20 世纪 90 年代初，那时候的港片里十分拉风的"大哥大"就是其产物，其实它的学名并不霸气，就是"手提电话"。

它的安全性差，通话质量也很一般，没有加密设置，且运行速度慢，造价十分昂贵。

万事开头难。已经有了 1G 这一小众但石破天惊的开头，第二代移动通信技术 2G 时代的到来还会远吗？ 1995 年，新的通信技术成熟，国内正式迎来 2G 时代。相较第一代移动通信技术而言，第二代移动通信技术具备高度的保密性，系统的容量也有提升。同时，从 2G 时代开始，手机除了单纯的信息通话功能外，也可以上网了。

QQ、微信聊天在手机上随时就能进行，看网页的文章也极为便捷，人们频繁地使用手机看电子书、刷新闻以及聊天。

不过，初始的新鲜感很快消失：网速能再快一点吗？ 能成功快速地加载图片吗？ 人们不再满足于单纯的"文字网络"，而是要求"图片网络"甚至"声音网络"。

3G 网络于是就应运而生。它的网速更快了，满足了人们对图片和声音的需求，不用猜，下一个方向自然是对流畅视频的要求了。正如你当下所使用的 4G 网络：一边痛快地点赞 4G 网速之快，下载视频都是分分钟的事；一边又心疼流量总是超额。

4G 是第四代移动通信及其技术的简称,是集 3G 与无线局域网(WLAN)于一体并能够传输高质量的图像、视频的技术产品。至此,移动互联网的网速达到了一个全新的高度。

科技更新的速度令人咋舌,短短二十余年,移动互联网从呆板笨拙的单功能电话,发展到如今的视频等随意流畅看,转眼间,4G 方兴未艾,已有人预言,2020 年,第五代移动通信技术 ——5G,距离现实应用不远了。

5G 是个什么概念呢?畅想一下,4G 大小的视频,一秒钟完成下载,是多快的速度!此外,5G 与云计算、大数据、人工智能、虚拟现实、增强现实等技术的深度融合,将连接人和万物,成为各行各业数字化转型的关键基础设施。

你期待 5G 时代的到来吗?也许未来某一天,你会成为 6G、7G 等 $n$G 的创造者或享用者。科技,正以风驰电掣而又润物细无声的姿态,渗入我们生活的方方面面。

## 二、移动互联网的特点

手机是移动互联网时代的主要终端载体,根据手机及手机应用的特点,移动互联网主要有以下特征:

1. 随时随地的特征。手机是随身携带的物品,因而具备随时随地可使用的特性。

2. 私人化和私密性。每个手机都归属到个人,包括手机号码、手机上的应用,基本上都是私人的,相对于个人电脑用户,更具有个人化、私密性的特点。

3. 地理位置特征。不管是通过基站定位、全球定位系统(GPS)定位还是混合定位,手机终端可以获取使用者的位置,可以根据不同的位置提供个性化的服务。

4. 真实关系特征。手机上的通讯录用户关系是最真实的社会关系。随着手机应用从娱乐化转向实用化,基于通讯录的各种应用也将成为移动互联网新的增长点,在确保各种隐私安全之后的联网,将会产生更多的创新型应用。

5. 终端多样化。众多的手机操作系统、分辨率、处理器,造就了形形色色的终端,一个优秀的产品要想覆盖更多的用户,就需要更多考虑终端兼容。

移动互联网的这些特性是其区别于传统互联网的关键所在,也是移动互联网产生新产品、新应用、新商业模式的源泉。每个特征都可以延伸出新的应用,也蕴藏着新的机会。

总之,移动互联网继承了桌面互联网的开放协作的特征,又具有实时性、隐私性、便携性、准确性、可定位的特点。

## 三、"互联网+"的提出

俗话说,结交新朋友,不忘老朋友。互联网大潮滚滚而来,诸多的新兴行业诞生,如外卖、团购等,人们享受着新兴行业给生活带来的便利与惊喜,与此同时,传统行业又该何去何从呢?

"互联网+"代表一种新的经济形态,通俗来说就是"互联网+各个传统行业",但这并不是简单的两者相加,而是利用信息通信技术以及互联网平台,让互联网与传统行业进行深度融合,创造新的发展生态。人们的需求五花八门、不断变化,满足人们需求的产业及行业经济也随着人们需求的变化在不断地变化。在我们逐步追求优化解决方法的同时,更好的产品和服务应运而生。

"互联网+"是指创新 2.0 下的互联网发展新形态、新业态,是知识社会创新 2.0 推动下的互联网形态演进。新一代信息技术发展催生了创新 2.0,而创新 2.0 又反过来作用于新一代信息技术形态的形成与发展,塑造了物联网、云计算、社会计算、大数据等新一代信息技术的新形态,并进一步推动以用户创新、开放创新、大众创新、协同创新为特点的创新 2.0。它改变了我们的生产、工作和生活方式,也引领了创新驱动发展的"新常态"。

"互联网+"概念最早由产业界提出。2012 年 11 月 14 日的易观第五届移动互联网博览会上,易观国际董事长兼首席执行官于扬先生首次提出"互联网+"理念。于扬当时提出,移动互联网的本质,离不开"互联网+"。

其实,还有一个已经有点"过时"的概念是"+互联网",它是指传统行业利用互联网技术或理念,提高服务的质量和效率。"+互联网"和"互联网+"两者之间,绝不仅仅是加号位置不同的区别。当初"+互联网"提出时,传统行业还是我们生活的"主旋律",它只是利用互联网顺势创新,但根本上还是以传统行业为主。

"互联网 +"与"+ 互联网"最大的不同在于,它是建立在充分发挥互联网的优势作用下实现的互联网与传统行业的充分融合。让消费更加便利,经济也自然进一步得到发展。例如,我们都在使用的淘宝,就是"互联网 + 超级市场"的结合,我们通过网购,足不出户也能买到称心如意的商品。在某种程度上,支付宝是"互联网 + 传统银行",我们日常的转账和刷卡消费等等,支付宝上都能操作;还有滴滴打车,是"互联网 + 传统交通",以前必须等出租车,现在能随时随地叫车。

还有许多这样"互联网 + 传统行业"的例子。我们可以明显地感觉到,在无形中,"互联网 +"制造了许多创业的方向,因为它不仅是现在的,也属于未来。许多企业都在思考,如何找到自己所在行业的"互联网 +"。当然,在我们的生活消费中,它同样扮演着极为重要的角色。

2013 年,腾讯公司首席执行官马化腾提出,未来互联网发展的一个重要方向就是"互联网 +",通过互联网技术的应用颠覆传统产业。[1] 也就是说,互联网的"野心"已经不是改变传统行业,而是产生颠覆效果,如今,快五年了,你觉得,他所说的"颠覆"实现了吗? 如果有,体现在哪些方面? 如果没有,你觉得最大的阻力是什么呢?

伴随知识社会的来临,驱动当今社会变革的不仅仅是无所不在

---

[1] 创业邦 . 马化腾指明 7 条 "未来之路" [ EB/OL ].2013.http://www.cyzone.
cn/a/20131111/246910.htm/.

的网络,还有无所不在的计算、无所不在的数据、无所不在的知识。

## 四、"互联网＋"与分享经济

分享经济(sharing economy),也被称为点对点经济、协作经济、协同消费,是一个建立在人与物质资料分享基础上的社会经济生态概念。"我为人人,人人为我。"大仲马的这句话点出了分享经济的真谛。

（一）知识分享:以知乎为例

毫无疑问,未来一定是一个知识社会,纯粹的体力劳动将贬值,脑力劳动、艺术创作等将发挥重大价值。

术业有专攻。每个人的知识存储在自己的大脑中,并在与他人交流的过程中可能不经意地互相分享。所以随着互联网的发展与人们对知识的渴求,知识分享拥有了专业的平台,分享的知识也在平台上得到了有效的整合。知乎就是一个真实的网络问答社区,社区连接各行各业的人员,用户之间分享彼此的专业知识。高质量而有价值的信息是知乎的关键词。

当你分享一份知识时,需要内在的整合,还有语言的描述。诚挚的提问总会得到优质的答案,而看到自己的答案被人认同、受到传播,也让回答问题变成一件极有成就感的事情。

分享知识,让知识流动起来,惠及更广大的群众,传递出文明与互联网交融的力量。

## （二）资源分享：以滴滴快车为例

除了知识以外，人们还拥有很多其他资源，比如房子、车子等。当它们闲置时，为了物尽其用，使双方互利，资源共享便诞生了。"互联网＋"时代，有很多便捷的平台供大众进行资源分享，而在这一过程中，闲置的物品可以得到有效利用。用最小的成本满足最大的需求，这是资源分享想要尽可能实现的目标。

"打车，叫辆滴滴吧。"以往，人们需要在原地等候附近是否有出租车，有时候一个随意的拐弯，就可能让乘客和司机擦肩而过。如果乘客能看到附近哪儿有可搭乘的车，司机能清楚地看到附近哪儿有乘客需要搭车，那么就会大大减少时间、节约资源，形成双赢的局面。

如今我们已经习惯用手机叫车，提前在网上叫车，出门时车就在楼下，让所有可搭乘的车都成了个人"专车"。

## （三）信息分享：以微博为例

社交行业日新月异，人们乐于社交，乐于与他人分享。人们每天都在通过阅读获得信息，并通过各种方式分享给他人，以更好地交流互动。

打开微博，信息扑面而来。有人说，每天刷微博的感觉，就像一个皇帝在批阅奏折，喜欢的就转发或点赞，不喜欢的就匆匆略过，用一种自己感兴趣的方式尽知并分享天下事。微博作为一种分享和交流平台，更注重时效性和随意性，这种具备交互性的交流平台方便了用户之间的信息交流，加快了信息的流通。

"投我以木瓜，报之以琼琚。匪报也，永以为好也。"《诗经》

里的这句话的意思是说:你将木瓜投赠于我,我拿美玉作回报。不仅是为答谢你,而是希望情意永相好。可见在遥远的先秦时期,人们对淳朴的分享也多有赞美。

"使用而不占有"和"不使用即浪费"是分享经济强调的两个核心理念。分享的东西,例如知识,要尊重原创版权,未经许可不能擅自引用转载,甚至剽窃;例如资源,不能抱着"不是我的就滥用、乱用"的自私心理,这样对大到社会资源、小到下一个用户,都是一种伤害;例如信息,分享信息时需要注意文明用语,网络不是暴力社区,每个用户都是一个活生生的人。

# 第三节　未来媒体

 你知道吗?

　　看《哆啦A梦》,你一定最眼馋哆啦A梦的"百宝袋",那里面似乎有无穷无尽的万能道具。每当大雄遇到困难,哆啦A梦总能像变魔术一样掏出法宝,帮助他解决问题。

　　这个世界上存在"百宝袋"那样无所不能的东西吗?如

果现在没有,那么未来呢?

其实,世界上并不存在十全十美的东西,哲学上说"任何事物的发展都是一个不断完善的过程",并且,这个过程是没有止境的。各种媒体发展也是这样的过程。人类新的需求的不断出现,正是各种媒体都有不足之处的根本原因。

即使永远都抵达不了完美的终点,但我们对未来世界的畅想与追求仍然不断产生。

## 一、大众媒体发展过程

媒体(media)一词来源于拉丁语"medius",意为两者之间。它是指人类用来传递信息与获取信息的工具、渠道、载体、中介物或技术手段,也可以把媒体看作是实现信息从信息源传递到受信者的一切技术手段。媒体有两层含义,一是承载信息的物体,二是指储存、呈现、处理、传递信息的实体。

郗杰英在《中国青年报》刊文说,如果说"50后""60后"是"广播一代","70后"是"电视一代",那么"80后"、"90后"则是"网络新一代",与他们的前辈相比,"网络新一代"其实是更有希望的一代[1]。这形象地说明了时代的发展中媒介的发展变化。

---

[1] 郗杰英.网络新一代更有希望.中国青年报,2010年12月13日

印刷技术使人类在真正意义上进入了大众传播时代。"随着印刷媒介的诞生，机器介入了人类传播过程，被用来大量复制信息，从而极大地扩展了人们分享信息的渠道，使快速而大规模的信息传递成为可能。"[1]

19世纪末20世纪初时，人们往往会在下班回家的路上买一份报纸（当时的报纸在下午出版），这也是人们获得新闻的最佳方式。

纪录片《互联网时代》中提及，传统新闻业形成于近五百年前。在德国美因茨印刷博物馆，保存着人类印刷的第一张报纸。1605年，德国人约翰·卡洛斯用诞生于其故乡斯特拉斯堡小镇的古登堡印刷机印制了世界上第一份报纸《通告报》。以传递公共信息为目的的新闻业，在以后四百多年的时间内迅速发展。2012年，全世界共有报纸14853种，每天有5.19亿份报纸送到人们手里。

20世纪20年代，报纸所统治的"看"的新闻不再一家独大，"听"的广播出现了。世界上第一座有正式营业执照的广播电台，是美国匹兹堡KDKA电台，于1920年11月2日正式开播。

有了可以看的文字，也有了可以听的声音，那么，能不能实现声画合一呢？在这样的需求下，电视诞生了。

电视诞生后，人们的夜晚不再乏味，忙完工作后，每天准时守

[1] 张咏华. 媒介分析：传播技术神话的解读 [M]. 上海：复旦大学出版社，2002：7.

在电视机前,成了当时许多人的习惯,甚至电视上播放什么内容已经不再重要。守着电视已成为生活的一部分。

再后来,便是计算机的普及与移动手机的发展。在未来,我们极有可能不需要任何媒介,因为媒介已经无处不在。

当然,电子媒介和数字媒介的发展,并不意味着我们已经放弃了对报纸杂志等传统媒体的依赖和喜好。

曾经我们爱看报纸,通过报纸了解过去已发生的以及现在或未来可能发生的事件,但如今,我们更爱看手机,通过手机获取自己感兴趣和需要的信息。

我们认知信息的方式,逐渐从报纸、电视变为小巧的手机,对此我们需要辩证地看待。一方面,手机信息的及时

**资料链接**

### 早期的广播

1906年圣诞节前夜,美国的费森登和亚历山德逊在纽约附近设立了一个广播站,并进行了有史以来第一次广播。广播的内容是两段笑话、一支歌曲和一支小提琴独奏曲。这一广播节目被当时四处分散的持有接收机的人们清晰地收听到了。

1908年,美国的弗雷斯特又在巴黎埃菲尔铁塔上进行了一次广播,被那一地区所有的军事电台和马赛的一位工程师收听到。

1916年,弗雷斯特又在布朗克斯新闻发布局的一个试验广播站播放了关于总统选举的消息,可是在当时只有极少数的人能够收听这些早期的广播。

(改编自:百度百科)

性和多样性等,是传统媒体无可比拟的优势;而另一方面,我们也要警惕,不要被手机上低俗而毫无营养的信息淹没。网络语言总是通俗且夺人眼球,但我们思考问题的角度和深度都应该更理性。所以,我们要充分运用媒介,但别让媒介成为自己获取信息的唯一渠道,书籍、电影等,都是认识世界的工具。

## 二、人人皆记者的时代

2005年7月7日晚高峰时间,英国伦敦连环发生至少7起爆炸案。4个年轻人,穆罕默德·西迪克·汗、谢赫扎德·坦维尔、哈西伯·侯赛因和杰曼·林赛,背着装有自制炸弹的帆布包对伦敦实施了恐怖袭击。伦敦数个地铁站及数辆巴士爆炸,共造成56人死亡(包括4名实施爆炸者),伤者逾百。

伦敦发生系列爆炸事件后,最早一批近距离的现场照片不是来自大牌媒体的记者,而是来自手持手机的普通民众。

照相机与手机的结合,再加上传送文字和图片的能力,使得任何人都有可能在新闻事件发生的第一时间从现场向全世界发出消息。

第一张来自现场的照片第一时间被BBC网站转发,随即它又成为世界各大新闻网站的头条。这张由业余摄影师用手机拍摄的照片创造了这场事件中被媒体转载量最高的纪录。当灾难现场清理完毕,警察松开警戒线,记者才得以进入爆炸现场报道。

而此时,爆炸已经过去两个多小时。

2005 年 7 月 7 日,是英国灾难史的一个节点,也是新闻史的一个转折点。每一个消息需求者,都可能成为消息提供者,并可以把消息推向时代的前台。

其实,这个案例已经暗示了"自媒体"的定义,在未来的媒体界,自媒体记者将会越来越多。

自媒体记者,是指在新闻事件的报道和传播中发挥记者作用,却非专业新闻传播者的普通民众。他们所体现的是"参与式新闻"的理念,即"民众在收集、报道、分析和传播新闻与信息的过程中发挥主动作用"。

曾经,需要摄像机、录音机等这些硬件设备,才能将眼前所看到的迅速记录下来;捕捉到的最具有现场感的材料,甚至没有公开且具有影响力的渠道能让我们随时随地发布消息。而现在,随着智能手机的普及,我们每个社会生活的参与者和记录者,借助具有广泛群众基础的公开性平台,成为"自媒体记者"并不是一件遥不可及的事情。

## 三、未来媒体的特点

未来媒体当然应该具有媒体的特性,不过其技术手段和呈现方式将出现变化。

（一）未来媒体是基于未来的

未来媒体一定是基于未来大趋势和未来语境的，并且是基于一段时间范围的，要在未来几十年可以实现、可以运用。

（二）以互联网为主导

自 21 世纪以来，我们就已经进入"互联网时代""信息时代""'互联网＋'时代"，互联网已经覆盖了生活的方方面面。未来媒体也一定是基于互联网的。互联网对世界范围内的报业造成了剧烈冲击，电视广告实收额也快速下滑。基于互联网的新媒体纷纷出现，传统媒体不得不思考转型，加入新媒体的浪潮中。例如，《人民日报》等主流媒体纷纷开通微信和微博，与新媒体融合发展。

（三）未来媒体是技术媒体

纵观人类发展史，到目前我们经历了文字发明、印刷术、电报和互联网技术四次传播革命，每一次传播革命都给我们带来了新的媒体形态。

1989 年万维网的出现，给人类带来了互联网媒体；而 1994 年互联网技术传入我国，给我们带来了互联网媒体。短短 20 多年的发展，互联网媒体已经成为主流，正可谓技术决定媒体变革。在未来 10 年内，技术的变革将继续，各类技术仍将日新月异，将会出现什么样的新技术呢？可以预测的是，大数据技术、移动互联技术、虚拟现实（virtual reality，简称 VR）、增强现实（augmented reality，简称 AR）技术、人工交互等新技术将进入商用和普及期，推动着媒体发生新一轮变革。

（四）未来媒体能够更好地建立用户连接

任何媒介的作用都是连接，唯有与用户建立起有效的连接，才能成为用户获取信息的通道，才能更好地实现社会价值和商业价值。

随着智能手机、平板电脑这些工具的出现，QQ、微博等新媒体的出现，人人都有了话筒，拥有了话语权，我们可以自觉主动地选择信息，可以说，我们进入了用户时代。每一个做内容的组织在传递信息前都必须先与用户建立连接，否则做出的内容不会有受众。比如做微信运营，粉丝越多，影响力越大，广告和商机随即而来，当然社会责任也越大。

因此，在未来，谁能与用户建立起更好的连接，谁能为用户提供更好的用户体验，谁就更具有影响力。

（五）未来媒体生态

未来媒体要能够长效发展下去，就必须有一个完整的生态圈——媒体本身、用户和供应商。成熟的生态系统能够实现正反馈和自强化，供应商、用户、平台相得益彰，相互促进，共同良性发展。因此，在未来，谁能够打造正反馈的生态系统，谁能够更好地为用户服务，谁就更有活力。在这个生态系统中，有内容提供商，有分发商，有营销服务商，各得其所，各取所需。

（六）盈利模式多元化

当前，很多媒体高度依赖广告这一单一的盈利模式，必然造成高风险。随着大数据应用等技术的日渐成熟、人们消费模式的升级,未来媒体的盈利模式一定会更加多元化。从单一的广告向信息收费、广告、电商服务、多元服务等综合性盈利模式转变,未来媒体的盈利模式会更加多元,也会更加可持续。

## 四、未来媒体与人的融合

### (一)创造者与受制者

媒介是由人类创造发明的,但当它形成之后,其所发挥的作用,很多时候就不一定在人类的控制范围之内了。

媒介是主体 —— 人与客体 —— 世界的中介。人们创造出传播信息的媒介,用来传递人的思想、经验。借助媒介,人所创造的精神文化产品得以传播得更加广泛、更加深远,媒介大大地延伸了人的各种感官。

人类发明文字,代替了大脑无休止的记忆,使得悠久的历史流传至今;人类发明电话,让"腿"可以迈得更远,处于不同地域的两个人可以听见彼此的声音;互联网更是把整个地球变成一个"村落",人类得以跨越时间和空间。

人们创造出媒介推动了人类文明的进步,促使社会高速发展,生活水平和生产效率不断提高。值得注意的是,在社会快速发展的浪潮中,我们对客观世界的感知方式也在不断变化。

怎么理解呢? 从前是"家书抵万金",今日一别,山重水复,不知何日才能再见;而现在,动车、高铁出现了,QQ、微信等聊天软件出现了,人们渐渐忘记了曾经鸿雁传书的珍贵。再比如,有一位网瘾少年,沉迷于游戏,在他看来游戏的世界就是真实的世界,电脑游戏这一媒介就制约和限制了他对现实世界的认识。

因此,媒介既是人们创造出来用于认识世界的一种渠道,同时它又改变、制约着人们对客观世界的感知和行为方式,即制约着人本身。

（二）"使用与满足"的多元化

"使用与满足"是传播学的一个理论,它是指传媒是否达到了预期的目的以及对受众产生了怎样的效果。

举个例子。我们看广告,广告商的目的是让我们消费者购买商品,达到传媒宣传的效益;而我们消费者看到广告后,也许会忽略,也许会留下印象,最大的效益是产生购买的冲动并采取行动。为了让传播得到最大的效益,媒介会不断变换以激发和满足受众的需求。

正如前面讲到的,我们处于用户时代,可以说"用户是上帝"。即并不是媒体给我们什么我们就看什么,我们有自主选择的权利,因此媒体会做出迎合受众的内容,以满足用户所需。

现在早已不是过去一个村里就一台黑白电视机的时代,我们追求更多,想要视听结合,喜欢大荧幕,要去电影院。这不够,我们还要 3D 效果,不,远远不够,我们还要置身其中的体验感。不止这些,我们还想要更多。

想要更多,我们的需求被不断挖掘,并呈现多元化。对于媒介的基本要求,是要满足我们获知信息的需要,而后,我们想要从这些信息里获得一些满足。拿电视节目来说,《新闻联播》告诉我们基本资讯;而《朗读者》给我们带来对人生的感悟,让我们接受更高理想的熏陶;《人民的名义》这样的电视剧在给我们带来娱乐的同时还对我们的价值观和是非观有着潜移默化的影响。

过去我们是被动的受众,现在我们想成为信息的传播者,想要受到关注,于是我们参与微博话题讨论、晒"朋友圈"、玩直播等等。未来,越是人性化的媒体越能受到大众青睐。

(三)人类对未来媒体的畅想

媒体是一个传统而历史悠久的词语,而未来,则是一个充满无限诱惑与遐想空间的词语,在互联网的背景下,两者交融,"未来媒体"会是什么模样?

专家提出了以下几种设想:未来的媒体将会是沉浸型媒体、智能型媒体、平台型媒体,甚至能做到万物皆媒。

通过沉浸型媒体,依靠虚拟现实(VR)与增强现实(AR)、全息等技术,你不仅能知晓信息,更能去"现场"体验感受,每个人都可能成为信息的接收者和生产者。

通过智能型媒体,人类不再是内容的唯一创造者:无人机深入危险和神秘角落,大数据与云计算比你更了解自身的需要,机器人也开始了新闻创作。

通过平台型媒体,接收讯息的渠道变得多样化,社交、娱乐、广告等平台,都成为媒体的内容产出之地。

当然,你也许会追问:这样"万物皆媒"的未来时代究竟何时才来? 它又是依靠着怎样神奇的力量得以实现的呢? 这些充满想象力和好奇心的疑问,都是我们在畅想未来世界时所描绘的各色各样的图景。想象是合理的,未来需要我们的想象与技术去创造。

# 第四节 互联网与未来媒体的融合

💡 你知道吗?

世界上没有任何一个个体能够完全独立存在,未来媒体和互联网的关系,就像鱼儿离不开水,草木离不开太阳。

媒体实际上是沟通传达信息的一座桥梁,而互联网则为其提供基本的条件。我们离不开互联网,同样也离不开未来媒体。

哪些迹象表明未来媒体即将到来？

你有没有发现，在互联网环境下，几乎所有的媒体都在依靠着网络，媒体边界正在消融。我们用什么最新的科技进行传播？怎样传播？传播如何得到更大效益？人们对这些问题的思考与探索实践，都表明未来媒体正在到来。

# 一、传播中介的改变导致传播方式的改变

在移动互联网时代，我们使用智能手机的频次大幅提高，总的媒体消费时长增加。从某种程度上说，支配我们时间的主导媒体，逐渐从报纸、电视，转移到了移动手机。

从文字到图文，到无线电谈话节目，再到电视节目，直至现在的移动互联网，传播的表达形式发生了重大变化。目前，网络视频贡献了全球 60% 以上的网络流量。我国仅移动视频应用用户规模就高达 8.79 亿，占整体移动互联网用户数量的七成以上。

媒体介质变化导致信息传播方式改变。新媒体环境下，传播方式有了改变，即传播方式由单向转变为双向，传播行为更为个性化，接受方式从固定向移动转变，传播速度实时化。

新媒体传播方式打破了地域化、国界化，消解了国家之间、社群之间、产业之间的边界，消解了信息发送者和接收者之间的边界。

首先是传播方式由单向转变为双向。过去,报纸、广播、电视时期(以及之前),受众只能单向接收广播、电视上的信息,无法及时向媒体反馈,而现在,各大视频网站都有弹幕这个功能,还有"春晚"微信抢红包互动,以及直播时主播与粉丝的互动,两者之间信息交流是即时的、双向的。

新媒体语境下,网络为人与人之间没有边界、没有障碍的交流提供了良好的环境。

## 二、媒体技术与思维艺术的碰撞

纵观人类文化发展历史,艺术和科技的发展总是息息相关,未来媒体既是技术也是艺术。在未来的媒体报道中,技术手段很重要,而表达的技术形式和思维模式也不可忽视。

过去一年我们不断听到"机器人写作",似乎因为技术的发展,真人记者正在成为"元新闻记者",机器取代真人只是时间问题。实际上,媒体领域要相信技术的力量,也要相信人的价值。

我们身边随处可见新闻艺术化表达,这往往依赖于技术所支持的动态的表达方式,但也应看到,并不是将技术运用好就一定能够得到艺术的表达。技术与艺术的结合中也大有学问。

尤瓦尔·赫拉利在《未来简史》中提出:"主观体验有两个基

本特征:感觉和欲望。之所以说机器人和计算机没有意识,是因为虽然它们能力强大,却没有感觉,也没有欲望。"[1]

机器写作背后所依靠的是人类设计出来的程序,它依靠程序机械化地进行算法分析、排列组合,它能给你最理性、最精确的结果。人类不一样,人类会犯错,可能还会在同一件事上栽不少跟头,没有哪个人能读完所有的书,也不是所有的人都有过人的计算能力与分析能力。虽然,对机器人而言,是人类创造了它们,但在某种程度上,人类在它们面前更像一丛芦苇。不过,人类的思想是最强大的武器,脆弱的芦苇因此变得光芒万丈。

倘若忽视主题、消解人性深度、消解艺术个性,一味追寻科技所带来的视觉语言形式上的变化而忽略其文化内涵,其结果就是我们精神内涵上的空虚、苍白与语言的世俗化。

其实近年来,智能技术在艺术中的应用不在少数,虚拟现实、增强现实和无人机、机器人都与艺术碰撞出了火花。

---

[1] 尤瓦尔·赫拉利.未来简史:从智人到智神 [M]. 林俊宏译. 北京:中信出版社,2017:96.

💬 讨论问题 ······················································

　　李华是网络红人，依靠着对互联网和未来媒体的研究，拥有庞大的粉丝群。今天，你作为小记者，需要采访他几个相关问题。请你设想一下，他会怎么回答。

　　1. 你理想中的未来媒体，应该拥有怎样的力量？

　　2. 你觉得，自己的生活能够离开互联网吗？

# 第二章

# 沉浸体验　智能应用

　　"世界那么大，我想去看看。"当年风靡一时的"任性辞职信"让多少人感慨不已。还有旅游广告语"来一场说走就走的旅行"，具有强烈的诱惑人心的作用。但是你知道吗？在未来，通过沉浸体验，足不出户就能感受到旅游中的一切，包括各地温度、街景甚至人与人之间的对话，你在家里就能游玩全世界。

　　人，真的是个十分神奇的物种。我们的发展史是一部创造史，如今，我们不断创造出超越人类个体的成果。智能的应用，引起了多少惊叹，就出现了多少恐慌。

　　大脑能思考，躯体有感受。这两种人类的特征，在未来极有可能被机器所超越或者强化。

　　沉浸的体验，智能的应用，将给我们带来怎样颠覆性的生活呢？

# 第一节　沉浸的体验

💡 你知道吗？

　　"枯藤老树昏鸦，小桥流水人家，古道西风瘦马。夕阳西下，断肠人在天涯。"这首马致远的《天净沙·秋思》大家都耳熟能详。

　　也许你能想象出"枯藤""老树""昏鸦""小桥""人家"等意象，对作者当时的心情感同身受。但比起通过抽象的文字在脑海中想象，如果让你真正置身于作者当时所处的环境，感受一定不同。

## 一、"浸媒体"的含义

　　2016 年 2 月 22 日，三星集团召开了三星 Galaxy 的新品发布会。在召开发布会的过程中发生了一件有趣的事：Facebook 的创始人扎克伯格悄无声息地穿过观众席来到了会议现场，而更令人意外的是，在场的媒体记者却没人注意到。这究竟是怎么一回事呢？

原来,在扎克伯格到来时,所有的媒体记者都戴着三星的Gear VR 眼镜观看着一段虚拟现实的样片。当扎克伯格从他们身边面带笑容地走过时,每个人都沉浸在样片的世界中而浑然不知。所以,当摘下眼镜发现扎克伯格已经站在台上时,他们感到非常惊喜。

与此相似的是,阿里集团曾经发布过一个视频,描绘未来的人们将如何购物:在自己家里,戴上 VR 眼镜,你就仿佛进入了购物商场,看到喜欢的衣服可以直接试穿在身上,照镜子看看合不合适。

当然,因为你是在家里,所以这一切都是虚拟的。但如果不提醒自己,你不会觉得自己是在家里,因为你所看到的是三维的世界。

如此一来,现实与虚拟的界限被进一步解构。在虚拟世界里,我们有身临其境的体验。

21 世纪是一个信息爆炸的时代,同时也是一个科技飞速发展的时代。在这场围绕着新媒体的技术革命中,VR 与 AR 两大技术悄然崛起。

随着互联网技术的快速发展,我们正迎来一场以新媒体为中心的技术革命。而在这一革命过程中,随着 VR 与 AR 技术的创新与发展,一种新的注重用户沉浸式体验的媒体诞生,我们称之为"沉浸型媒体",即"浸媒体"。

什么是"浸媒体"?时至目前,尚没有一个统一而明确的定义。从字面上来理解,"浸"即沉浸的意思,"浸新闻"就是沉浸式新闻体验,"浸媒体"时代即媒体使人沉浸于新闻中的时代。

从用户这一方面来说,"浸媒体"其实就是一种能够使用户获得沉浸式体验的新型媒体。然而,"浸媒体"不仅仅包含这一层意思,它还应有另一层意思,便是从媒体人的角度来定义。"浸"不只是使用户沉浸其中,还可以使媒体人也沉浸在媒体工作中。也就是说,在"浸媒体"时代,媒体人深深地沉浸在这种新型媒体中。正如中国传媒大学新闻学院的教授沈浩所说,"浸"既可以表现为用户的体验更加沉浸,也可以代表媒体人更专注、更投入。

哲学中说到,任何事物的发生、发展都离不开外部条件和内部要素。那么,"浸媒体"从何而来? 这个问题自然也要从其外部条件和内部要素这两方面来探究。

我们正处于互联网时代,互联网技术的发展推动了很多新事物的出现与发展。从 2015 年开始,VR 和 AR 技术开始渐渐流行,VR 和 AR 成了广为人知的词语。随着 VR、AR 在许多领域的应用,媒体行业也加入了这场技术革命的浪潮中,将 VR、AR 等技术应用在了媒体传播中,由此开创了一个全新的媒体传播环境。

因此,技术发展便是"浸媒体"产生的外部原因,而内部要素则是媒体内部的竞争与融合。

新媒体的出现给传统媒体带来了强烈的危机,许多传统媒体为了保持自身的优势与影响力,开始利用互联网技术这一手段,将内容搬到微博、微信等新媒体上,意图实现媒体融合。

而伴随着网络技术的飞速发展,传统媒体与新媒体之间在内容、体制、机制、运营等方面愈加深入融合,从而渐渐地建立起了一套全新的媒体生产与运营体系,由此产生了"浸媒体"。

## 二、"浸媒体"的三大特征

说到"浸媒体"的特征,还是离不开"浸"这个字眼。下面向大家解析一下"浸媒体"的三大特征。

### (一)强烈的参与感

"浸媒体"的核心就是"浸",其所要达到的目的和效果就是让用户沉浸其中,使用户享受身临其境的参与感,因此,强烈的参与感就是"浸媒体"的核心特征。

曾经我们是读新闻,在报纸的文字间获取新闻信息。然后广播电视出现,我们开始看新闻,视频的声图结合让我们对新闻信息有更加强烈而直观的印象。而现在,"浸媒体"把我们带入一个"感受新闻"的时代:你不必到达新闻现场,却能身临其境地感受到现场所发生的一切。

"浸媒体"凭借其越来越先进的 VR 及 AR 技术,将信息通过一种 360° 全场景的亲身体验传递给信息接收者,带给用户一种强烈的代入感和现场感。

沉浸型媒体交融了虚拟与现实

以"浸新闻"为例。2015 年 11 月,《纽约时报》推出一款名为"NYT VR"的 App 应用,该应用利用 VR 技术将新闻事件现场制作成视频供受众观看,它将受众与遥远的新闻现场连接起来,使得受众能以 360° 的视角亲临新闻发生的现场。

"浸媒体"的这一核心特征使得信息传播的渠道不再局限于报纸网络,使得受众获取信息的方式从眼睛扩展到全身。

（二）全景视频技术

早在 20 世纪就已经有人提出过"虚拟现实"这个概念。2016 年是 VR 技术爆发的一年,被称为"VR 元年"。短短半年,VR 技术发展迅速,在产品方面的创新也非常之快,VR 眼镜、全景相机等产品相继出现,给大众带来了种种新奇的体验,也代表了 VR 技术的逐渐成熟。

"浸媒体"在技术上的创新还体现在视频直播上,2016 年同样也被称为"直播元年"。视频直播技术的快速发展给媒体行业带来了很大的变化,越来越多的传统媒体开始利用直播来进行新闻事件的报道,直播还渐渐地与 VR 技术结合在一起,出现了 VR 直播、全景直播等新的视频直播方式。如虎牙 VR 直播平台,采用第三方全景 VR 相机进行直播,给用户带来了高质量深度沉浸式的 VR 直播体验。

（三）艺术化的表达

2016 年 10 月 26 日,新浪在北京举行了 2016 未来新浪媒体峰会。会上,新浪网副总裁、总编辑周晓鹏说:"未来媒体是技术也是艺术,包括日常的信息流组织与呈现,它本身既是技术也是艺术的表达。"

"浸媒体"作为一种未来媒体,除了在技术上有着强有力的创新之外,在艺术化表达上也有着强烈的追求。

"浸媒体"对艺术化表达的追求更多地体现在其内容上,通过新技术带来的视觉语言形式上的变化使得用户更好地体会其中的文化内涵、主题及人性价值等,这便是"浸媒体"中技术与艺术完美结合的体现。

拿现在很流行的 3D 电影来说,如《星球大战》中的外星人与地球人激战的场景,运用数字影像技术来模拟种种令人眼花缭乱的场面,体现出一种天马行空的艺术设计。通过这种技术来表达一种奇观化、艺术化的情感,用户可以获得更多、更丰富和更沉浸式的视听体验。

## 三、沉浸体验的技术依托

### (一)3D 技术的广泛应用

我们在生活中经常能听到"3D"这一字眼,比如 3D 电影、3D 电视、3D 打印,甚至还有 3D 虚拟手术……

看 3D 电影和 2D 电影的感受是完全不一样的,3D 更注重感官的体验,甚至经常让人相信自己就处在电影的环境里。为什么我们会有这样的错觉呢? 因为生活中我们肉眼看到的世界是三维立体的,而 3D 电影的技术应用是使得画面更有层次感,因此让人产生身临其境的感觉。显然,要沉浸于一个环境中,视觉是十分重要的一环,成了"浸媒体"的一种应用。"虚拟博物馆"便是 3D 技术在"浸媒体"中的一种应用。

谈到博物馆,传统印象中应该是一座宏伟、开阔的建筑物,里面有许多精美的藏品。那么,"虚拟博物馆"又是怎样的呢? 我们通过字面上的意思,就可以了解什么是"虚拟博物馆",那就是利用虚拟技术和 3D 技术将现实博物馆中的精美藏品通过网络媒体展示给访问者观赏的一种应用。目前,世界上很多国家都有了自己的"虚拟博物馆"。在这里,以我国的"虚拟博物馆 —— 走进清华"和"云冈石窟全景博物馆"为例,让大家深入了解"虚拟博物馆"的神奇之处。

"走进清华"开通后,访问者通过互联网就可以随时随地参观这座有关清华的"虚拟博物馆"。通过一些图片、文字、视频及 3D 动画等,就可以了解到清华大学的百年历史,感受到清华学子的精神风貌,观赏到清华大学美丽的校园风景。如"校园风貌"栏目中有个"校园导览"板块,访问者进入 3D 地图后,每到一个景点,就会有简介和延伸阅读。这种 3D 导航技术为访问者带来了较真实的观赏体验。

众所周知,云冈石窟是一项不可复制的先人智慧创造的奇迹,也是中国规模最大的古代石窟群之一,其内部一座座古老雄伟的佛像都是历史文化遗迹。但因为地形及环境条件的限制,以及自然风化和人为破坏,虽然国家采取了很多措施进行补救、修复,但效果并不显著,极有可能在将来的某一天,云冈石窟的奇伟物理景观终会完全消失。

为了将这一记载着悠久历史文化的伟大景观原貌记录下来,百度百科与云冈石窟联手建立了云冈石窟 3D 全景博物馆。通过全景拍摄,运用数字化技术,借助文字、图片、录音解说、二维和三维动画、视频影像、全景展示等一系列媒体技术,建立了一个数字化、立体化的观赏平台。

人们只需要登录云冈石窟全景博物馆官网,就可以看到一座座精美绝伦、雄伟壮丽的古老佛像。同时,由于运用了 3D 技术,访问者在观看时可以通过前后左右、放大缩小等功能自主控制、调整视角,全方位地来观赏,而清晰的语音解说带给访问者身临其境的视听体验。

"虚拟博物馆"只是 3D 要求的一个应用,除此之外还有 3D 街景、3D 艺术展览厅等。在未来,通过 3D 技术与媒体的结合,我们足不出户就能"环游世界"。

（二）VR 与 AR

VR 与 AR 听起来似孪生兄弟,然而两者之间有着很大的区别。

VR 是 virtual reality 的缩写,是虚拟现实的意思,它是利用电脑模拟产生一个三维空间的虚拟世界,为使用者提供视觉、听觉、触觉等感觉的体验,让使用者仿若身临其境,可以及时地、没有限制地观察三维空间内的事物。

近两年，VR似乎渐渐地成了媒体的新宠，很多媒体开始利用VR来进行一些新闻事件的报道。

2015年10月13日，美国民主党总统候选人竞选辩论在内华达州举行。与以往辩论会不同的是，此次辩论由CNN（美国有线电视新闻网）通过VR视频流进行现场直播。此次，CNN联手科技公司Next VR进行VR直播。只要有一台三星Gear VR头盔，观众们就可以通过VR视频流门户网站NextVR进行观看。

通过这种VR直播，观众们可以参与到此次辩论中，可以从特定视角近距离地看到候选人，甚至可以与候选人进行互动。

对于沉浸式新闻的探索，《纽约时报》无疑是一个典型，其推出的应用"NYT VR"受到了读者们的广泛称赞。其中一部新闻纪录片《流离失所》最为知名。该片讲述了三个小孩子因卷入世界难民危机而流离失所的故事，以千疮百孔的教室、致命的沼泽来揭示全球难民的生存状况，震撼人心，引发人们的思考。

这种沉浸式新闻还可以随着人们视角的转换而变化。在这种虚拟设定的人物和环境的推动下，受众心中的震撼和感触会逐渐增强，整个新闻事件会呈现出强烈的故事性。

在国内，许多媒体也开始利用VR技术。2016年的"两会"召开期间，新华网、中新网、百度新闻、新浪新闻、《人民日报》等许多媒体就用全景摄像机来拍摄了两会盛况,推出了很多 VR 作品。例如,新浪新闻推出了"360°全景巡游人民大会堂"。这一作品包含了 8 个场景,采用全景摄像机拍摄,360°全方位地展示了人民大会堂的主席台、金色大厅等场地,而且访问者在观看时可随意拉近、推远画面,从多个视角来参观。《人民日报》客户端推出了"虚拟现实视频,无死角观察两会会场",采用虚拟现实视频技术,制作了"两会"视频,访问者可以全方位地观察"两会"会场,就像是置身于人民大会堂中一样。

AR 是 augmented reality 的缩写,是增强现实的意思,又被称为混合现实,即通过电脑技术,将虚拟的信息应用到真实世界,使真实的环境和虚拟的物体实时地叠加到同一个画面或空间中。

应用 VR 看到的人物、场景都是虚拟的,是把观者的意识带入一个虚拟世界,而 AR 看到的人物、场景不全是虚拟的,是部分真、部分假,在现实场景的基础上加入虚拟信息。

AR 在"浸媒体"中的应用还体现在广告上,即 AR 广告。最具代表性的是百事可乐公司设计的一则 AR 广告,在这则广告中,百事可乐成功地应用了 AR 技术,使得一些本不可能存在的现象"真实"地出现在了观众眼前,从而于无形中达到了百事可乐宣传的目的。

资料链接

### 新奇的百事可乐广告

2014年，百事可乐在伦敦新牛津街的一个公交车站做了一个特殊的广告宣传。百事可乐在巴士站候车亭设置了一个"广告牌"，这个"广告牌"与以往的广告牌相比，特点是候车的路人通过这个"广告牌"可以看到种种不可思议的现象，有卫星撞击地球的画面，有外星人乘坐着 UFO 入侵地球的场景，有从地下通道中突然伸出一只巨大的触手将行人抓走的恐怖场面等等。

路边的行人们看到后非常惊奇，但跑到"广告牌"后面一看却什么也没有，于是路人们纷纷在"广告牌"后做出许多搞怪的表情和动作，如装作要被 UFO 吸进去时的挣扎、被老虎追着逃窜等等。此外，"广告牌"上还时不时会显示出百事可乐的宣传语。这则广告成功地让人们记住了当年的广告语：Live for Now（活在当下）。

### （三）全息技术

全息技术类似于大自然的海市蜃楼，通俗地讲就是实现三维立体图像的记录和再现，也就是"幻影成像"。我们去电影院看 3D 电影的时候需要佩戴 3D 眼镜，而三维全息投影技术是一种无须借助 3D 眼镜也能达到 3D 效果的技术。用户不必借助任何设备，就可以看到逼真的虚拟图像，而且还可以进行操作。这些技术在博物馆、科技馆、档案馆、娱乐厅、展览会、博览会、图书馆等场馆有广泛的应用前景。如在博物馆中看到的在灯光下可以动的恐龙,就是利用全息技术实现的。

在 2015 年中央电视台春节联欢晚会上,李宇春带着自己的歌曲《蜀绣》出现在舞台上,节目通过特效"分身"出 5 个李宇春。这一画面的实现利用的就是全息投影技术,在空中产生立体的幻象,变幻绮丽,精彩绝伦,令人震撼。

2016 年 G20 杭州峰会文艺演出在杭州西湖震撼上演,由著名导演张艺谋执导。在这次演出中,节目《天鹅湖》《月光》等都采用了全息投影技术。它使幻象和表演者能一起互动完成表演,产生梦境一般的效果。因为全息技术能产生的独特的梦幻效果,所以在大型文艺晚会上使用颇多。

全息技术在科幻电影中也很常见,1977 年的《星球大战》首开全息 3D 投影在影片中应用的先河。距离 1977 年《星球大战》电影上映已经数十年之久,可是影片中呈现的全息投影仪、全息通信技术至今让人印象深刻。不论是《星球大战》还是《阿凡达》,其中都不缺乏全息投影的概念,比如《阿凡达》中的全息沙盘。

## 四、沉浸技术与各领域的交融

### （一）与医疗的交融

医疗与人的生命健康关系最为密切,当 VR、AR 与医疗相结合,其前景应该是最令人期待的了。

在现实生活中,抢救失误导致病人死亡是严重的医疗事故。人不是实验室里的小白鼠,假如"死去"的只是虚拟实验室里的一个"模拟人"而非真人,你会不会感到庆幸? VR 让这种可用于医学实训的虚拟实验室成为现实。

其实,这个虚拟实验室是一个虚拟的环境,其中包括了虚拟的手术台与手术灯,虚拟的外科工具(如手术刀、注射器、手术钳等),虚拟的人体模型与器官等,手术的对象也是虚拟人,如虚拟婴儿、虚拟孕妇等。这样一来,医生在手术前有了反复模拟手术的机会,医学院的学生也有了动手实践的机会。在反复模拟实验后进行实际操作,能够提高手术成功的几率,这是医学实训的新起点。另外,由于在这个虚拟的环境中不需要购买医学器材,节省了一大笔费用。

因为虚拟现实能让人感知到崭新的环境,并且无限接近真实环境下的视觉、听觉、触觉,甚至是嗅觉、味觉等体验。人脑对于这种虚拟现实的吸引力感到极度兴奋,这种兴奋程度远远超出了游戏和电影。所以在治疗病人时,可以引入 VR 转移病人的注意力,以减少病人的疼痛感,实现"意识上的麻醉",从而进行心理治疗和生理治疗。

同样,AR 在医疗领域也有广阔的前景。如可以利用 AR 进行血管照明,帮助医务人员在手术时看到隐藏的血管并实现血管定位。

(二)与军事的交融

VR 能够减少耗资和危险,它能创造出一个接近真实的虚拟作战环境,包括作战背景、战地场景、各种武器装备和作战人员等战场环境被一一再现。这种立体战场环境能够增强临场感觉,提高训练的质量。通过 VR 构建出来的三维实战环境,能渲染出生动的视觉、听觉、触觉等感官效果,士兵在这样一种场景下操练战术动作,能锻炼临场快速反应能力、战斗生存能力和心理素质。

2013 年,美国陆军开始在德国使用虚拟士兵训练系统,这是第一个步兵全感觉虚拟系统。除模拟实战训练之外,VR 还能模拟进行军医训练和征兵活动。目前英国陆军已经应用 VR 技术来招募 18 到 21 岁的士兵。他们让这些年轻人戴上"VR 头戴显示设备"来进行军事知识的讲解和交流互动,吸引他们加入军队。

(三)与游戏、娱乐的交融

客观地说,游戏是目前 VR 应用中比较前沿的领域。

我们或许曾经在电子游戏店玩过射击僵尸的游戏,但这种简单地拿着玩具枪对着屏幕射击的方式并不能让人产生身临其境的感觉,所以很快会让人失去兴趣。而将 VR 引入游戏后,游戏中角色的所有动作都将随着用户在现实中的运动而相应改变 —— 你可以主动追击敌人,也可以躲避,同时,用户还可以拿着 VR 设备来痛快射击,一切如同真实存在的,这种现场感是普通电子游戏店无法提供的。使用 VR 可以体验坐过山车的刺激感、在鬼屋里行走的恐惧感等。目前,一些城市中已经开设了 VR 体验店。

在奥兰多的迪士尼乐园中,环幕电影和游戏项目相结合,游客坐在类似滑翔机一样的座位上,悬浮在空中看 3D 环幕电影。观看期间,游客们将飘过海洋、穿越森林、飞跃大峡谷,游历美国的不同城市和地区,整个观看电影期间游客们的心随着旅程忽高忽低地震撼着并快乐着。

尽管 VR 在游戏中的运用已经得到许多人的肯定,但新产品也难免存在需要解决的问题,比如用 VR 玩游戏时会遇到晕眩问题。这些问题将在未来慢慢得到解决。

虚拟旅游是指用户足不出户,就可以在三维立体的虚拟环境中游览风光美景,这些虚拟的风光环境是建立在现实旅游景观基础上的。

目前有许多可以虚拟游玩的著名景点的网站,玩法也非常新鲜。就拿比较有名的"故宫虚拟游"来说,一点开网站就会有"虚拟导游"的声音,对你现在所处的方位进行介绍,你可以通过鼠标改变自己的视角,你的视野里不仅可以看到宏伟的建筑,也可以看到许多游客。你可以点击自己想"游玩"的景点,这时视角便会慢慢推进到该景点。在比较高级的虚拟旅游网站里，你还可以为自己选择身份进行游玩，并点击鼠标给自己拍照，创意十足。

大家接触得最多的应该是谷歌街景了。我们可以利用谷歌高清街景去看夏威夷海滩、埃菲尔铁塔、凡尔赛宫等，这些街景都呈现出 3D 模式。我们可以点击鼠标前进，还可以放大某一区域，用键盘的方向键来控制自己的视角。当你将凡尔赛宫放大时，墙上精美的油画都清晰可见。

在虚拟旅游里，我们可以获取最好的观景视角，不必在人山人海中行走，我们可以随时利用手机、电脑等了解该景点。这样，虚拟旅游让我们游览了远在万里之外的风光美景。

（四）与教育的交融

毫无疑问，VR 和 AR 技术对教育的影响巨大。不少企业已开始尝试 VR 教育模式。VR 是怎么做到与教育结合的呢？

首先，佩戴好 VR 设备后，你将会出现在与平常类似的教室里，这个教室里有老师也有同学，你环顾四周可以看到周围的同学也在听课，这时你仿佛置身于一个真正的课堂。你还可以更换场景以助于更好地投入。当你学习地理时，可以变换风景，感受千里之外的名胜古迹；当你学习英语单词时，可以出现从单词引申和联想出来的场景，帮助你快速地记忆。对于一些需要动手的学科，VR 则提供了更多的便利和动手操作的机会。例如化学实验。不少化学实验具有一定的危险性，如果使用 VR 做化学实验，做错了也没有危险,反而能让人产生更深刻的记忆。

AR 也在教育中得到广泛应用,例如将 AR 技术用于图书。此时,AR 图书的外表看似与普通图书相同,但当摄像头扫过图书时,书中的动画、视频、声音就会蹦出来 —— 当枯燥的书本"活"起来,相信会有更多人爱上阅读。

# 第二节　智能的应用

 你知道吗？

机器人也来秀智商！2017 年首日高考结束后，来自成都的人工智能系统"准星数学高考机器人"AI-MATHS 作为一名特殊的"考生"迎来了它的首次公开模拟高考。

AI-MATHS 在一个关闭外部网络的房间内，通过内部服务器的计算，独立地分别用时 22 分钟和 10 分钟答完两份高考数学试卷。在人工智能专家、教育专家、媒体代表的见证下，分别获得此次模拟高考 105 分和 100 分的成绩。

最关键的是整个过程严格按照断网、断库、自然语言理解、综合复杂推理等严格流程进行公开透明测试。

研发团队为 AI-MATHS 备战"高考"做了大量准备。在题量上，对 AI-MATHS 进行了 500 套试卷的"魔鬼式"训练；为保证答题速度，还专门设置了"30 分钟解不出来便放弃"的程序；在复杂逻辑推理、直觉观察推理、计算机算法、深度学习上都进行了深入攻关。并且，AI-MATHS 是通过综合逻辑推理平台来解题，而非学习储存题库。

这款参加高考的机器人,就是智能化科技的应用。未来,智能化将应用于多个领域,媒体将会是重要领域之一。

## 一、人工智能的发展史

在认识人工智能(AI)之前,我们先来认识一个伟大的人物——图灵。

如果你看过电影《模仿游戏》,那么你应该对他有些了解,因为这部电影是他的传记片。

阿兰·麦席森·图灵(Alan Mathison Turing,1912 年 6 月 23 日—1954 年 6 月 7 日),英国著名的数学家和逻辑学家,被称为计算机科学之父、人工智能之父,是计算机逻辑的奠基者,提出了"图灵机"等重要概念。图灵曾协助英国军方破解德国著名的密码系统"谜"(Enigma),帮助盟军取得了二战的胜利。人们为纪念他在计算机领域的卓越贡献而设立了"图灵奖"。

鼎鼎有名的"图灵测试"就是他提出来的。1950 年,图灵发表了一篇论文《计算机器与智能》,其内容是:如果电脑能在 5 分钟内回答由人类测试者提出的一系列问题,且其超过 30% 的答案让测试者误认为是人类所答,则电脑通过测试。

同年,图灵还预言了创造出具有真正智能的机器的可能性。

我们都知道,在围棋领域,AlphaGo 已战胜世界围棋冠军柯洁。其实,人工智能与脑力博弈游戏的结合,在 20 世纪 50 年代就开始了。

1951 年,西洋跳棋程序和国际象棋程序相继诞生。经过接近十年的发展后,国际象棋程序已经可以挑战具有相当高水平的业余爱好者,而人工智能游戏也被当作衡量人工智能进展的标准之一。

1956 年,在达特茅斯学院举行的一次会议上,计算机科学家约翰·麦卡锡说服与会者接受"人工智能"一词作为计算机领域的名称。后来,这次会议也被大家看作是人工智能正式诞生的标志。

达特茅斯会议之后的十几年是人工智能的黄金年代。在这段时间内,计算机被用来解决代数应用题、证明几何定理、学习和使用英语等等,这些成果在得到广泛赞赏的同时也让研究者们对开发出完全智能机器的信心倍增。当时,人工智能研究者们甚至认为:二十年内,机器将能完成人类能做到的一切工作;在三到八年的时间里,人类将得到一台具有人类平均智能的机器。

由于人工智能研究者们对项目难度评估不足,除了导致承诺一时无法兑现外,还让人们当初的乐观期望遭到严重打击。到了 20 世纪 70 年代,人工智能开始遭遇批评,研究经费也被转移到那些目标明确的特定项目上。

项目的停滞不但让批评者有机可乘 ——1973 年,莱特希尔针对英国人工智能研究状况的报告批评了人工智能在实现其"宏伟目标"上的完全失败,也影响到了项目资金的流向。人工智能遭遇了六年左右的低谷。

1980 年,卡内基·梅隆大学为数字设备公司设计了一个名为 XCON 的专家系统,这套系统在 1986 年之前每年为公司节省 4000 万美元。有了商业模式,相关产业自然应运而生,比如 Symbolics、Lisp Machines 等硬件公司和 IntelliCorp、Aion 等软件公司。这个时期,仅专家系统产业的价值就有 5 亿美元。

1981 年,人工智能迎来第二次发展。日本经济产业省拨款 8.5 亿美元支持第五代计算机项目,目标是制造出能够与人对话、翻译语言、解释图像,并且能像人一样推理的机器。随后,英国、美国也纷纷响应,开始为人工智能和信息技术领域的研究提供大量资金。

但好景不长,持续七年左右的人工智能繁荣很快就接近了尾声。到 1987 年时,苹果和 IBM 生产的台式机性能都超过了 Symbolics 等厂商生产的通用型计算机,专家系统自然风

资料链接

### 蓝脑计划

"蓝脑计划"是由瑞士科学家设想的一个复制人类大脑的计划,以达到治疗阿尔茨海默病和帕金森病的目的,但网络上对其褒贬不一。2009 年 8 月 11 日,负责"蓝脑计划"的科学家宣称,他们有望在 2020 年左右制造出科学史上第一台会"思考"的机器,它将可能拥有感觉、痛苦、愿望甚至恐惧感。

从 2004 年至 2009 年,马克拉姆和他的研究小组使用世界上一些最强大的超级电脑,来模拟宇宙中已知最复杂的"物体"——哺乳动物大脑的某些功能。

(改编自:百度百科)

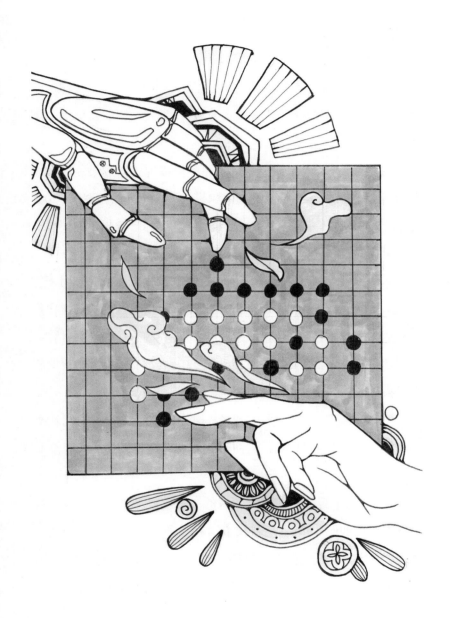

在技术与智慧之间的对弈

光不再。

现在大家谈到人工智能时,往往会说这并不是一个新概念,在 20 世纪 90 年代就有了。事实上,这只是人工智能发展史上离大家最近的一个阶段。

在这个阶段,人工智能取得了一些里程碑式的成果。比如在 1997 年,IBM 的"深蓝"战胜国际象棋世界冠军卡斯帕罗夫;2009 年,洛桑联邦理工学院发起的"蓝脑计划"声称已经成功地模拟了部分鼠脑;再就是战胜围棋世界冠军的 AlphaGo。

最近几年,机器学习、图像识别这些人工智能技术已被用于普通人的实际生活中:我们可以在 Google Photos 中更快地找到包含猫猫狗狗的图片,可以让 Google Now 自动提供我们可能需要的信息,可以让 Inbox 自动撰写邮件回复……这背后都离不开人工智能研究者们的长久努力。

不过,"实现人类水平的智能"这个在 20 世纪 60 年代就提出的课题至今仍然没有答案,而且我们现在也难以预测何时会有结果。[1]

其实,人工智能只是智能领域的一个重要分支。不止人工智能的发展史如此曲折,任何科技事物的发展都并非一帆风顺,它的背后凝聚着人类的智慧和坚韧的品质。我们不仅要接触和了解最新的科技成果,也应该感受到每一项成果背后的艰辛和不易。

[1] 中科院物理研究所.人工智能 60 年:一文了解 AI 的过去、现在与未来.[M] 商业价值,封面.

## 二、智能型媒体的三个特征

现在这个时代,一切都在高速发展,科技如此,经济如此,媒体也是如此。媒体在日新月异地前进着,那么正在阅读这本书的你知道什么是智能型媒体吗? 我们现在正处在传统媒体和未来媒体相互交融的时间点。智能型媒体以技术为支撑,以内容为王,逐步实现智能化生产,大家经常看到的 VR、AR、机器人新闻等都是接下来我们要讲述的内容,它们都是智能型媒体不可缺少的一部分。

未来媒体是智能型媒体,这是从生产的角度来说的:它智能化、机器化、精准化的生产都在昭示未来媒体与传统媒体的大不同。

简单来说,智能型媒体有三大特征:

第一个特征是源于万物皆媒。新闻用传感器进行信息采集、以大数据处理技术为支撑,这样一来,任何物体都可成为传感源。在生活中,扫描商品上的一个二维码,我们可即时获取背后的信息,甚至于沟通交流;一张街拍服饰,通过搜索图片就能知道该服饰的品牌、价格;突然心血来潮想出去看看,打开"去哪儿"等软件就可随时查看各个酒店和各航班的情况 …… 未来世界,信息交流无处不在,我们不可能再处于信息孤岛。在过去,互联网重点关注人与人、人与服务、人与内容的关系;而未来,随着智联网、物联网的发展,人与物体、物体与物体、人与环境的关系等多层次交叉将构成互联网服务的基础。

智能媒体的第二个特征是人机共生。随着近几年人工智能技术的飞速发展,我们看到了机器的力量。谷歌 AlphaGo 打败人类顶级围棋手、百度机器人"小度"挑战《最强大脑》舞台……这些超级人工赛手的出现意味着人工智能超越人类智慧指日可待。因此,人类不能再为自己是唯一的"智人"沾沾自喜,我们必须与之共生。人机共生意味着人和机器的相互协作、共同促进。实战表明,智能化机器与人的智慧融合、共同作用可以构成新的业务生产模式,进一步促进生产力的提高。

畅想一下,未来你的手掌可能会植入"电话芯片"。当你要查看信息的时候只需要想一想,你的微信界面就会出现在眼前;如果你要订外卖,同样只需要动动脑子,十分钟后一个外卖机器人就会捧着便当敲响你家的大门;甚至,给你上课的老师不再是人类,而是高效、专业性强的机器人。

不仅如此,机器还可以在很大程度上拓展人的感官体验。在听觉上,语音翻译、语言机器人使跨地区人种交互无障碍;只要你愿意,出国旅游的时候,语言不再会是最大的问题,植入你体内的智能芯片将精通各国语言,英语、法语、德语、阿拉伯语,甚至更冷门的语言都可以实时翻译,你可以跟各个国家、各个民族的人流畅地对话。在视觉上,VR、AR 发展的成果 —— 全息眼镜、裸眼3D、立体显示会帮助你拥有更好的视觉体验,3D 影院迟早会被市场淘汰,5D、6D 会让你更加身临其境,比如大家喜欢的电影《鬼吹灯》再次上映时,主角落入海里的瞬间你也能感受到海水将你包围的滋味。在嗅觉上,屏幕可调节气味、气流及其强弱,延伸媒体的呈现维度。在触觉上,虚拟现实可增强现实中的模拟触觉,人们通过可穿戴设备和手势识别增强触觉反馈。在运动上,个人数据、场景数据将实时记录反馈、分析,进而增进运动的体验。

改变已经悄然出现在我们身边了,比如我们在儿童乐园戴上一个"眼罩"就能"穿越火山"的体验游戏,实质上就是这些5D、6D和可穿戴设备的低配版设计。

智能型媒体的第三个特点是自我进化。也许你难以想象未来不仅人可以驾驭机器,机器也能洞悉人心。也许现在你还无法接受你养的电脑宠物可以知道你的想法,但未来,也许你不需要输入文字,它们就可以跟你随时交流,如同交往很久的朋友一般。

除此之外,随着未来媒体信息爆炸性的增长,人工智能将改进信息生产的全过程和效率,媒体内容的生产与技术革新将相互促进,人类价值判断和机器多元化之间将建立无法切割的纽带,技术压力也会促进媒体人自我升级。这是人机不断追逐、不断进步的过程。

智能型媒体将像人一样,可以进行自我进化,就像人的身体一样,经过几千年的进化,发展出自身的免疫系统,平常的小病小痛不用吃药也自然会好。

你期待这样的未来智能媒体的到来吗?

## 三、智能应用的技术依托

### （一）无人机为摄像机插上翅膀

2016 年国庆前夕，"天空之眼瞰祖国"系列报道首站在天津拉开序幕。17 年前，新华社摄影记者乘坐直升机和运输机，发起"空中看祖国"大型航拍纪实摄影活动；今天，年轻的新华社记者操作无人机，踏上一次航拍的致敬之旅。

从 2013 年起步，到 2016 年建成新华社"天空之眼"无人机队，国家摄影队的空中力量经历了从无到有、从有到强的过程，已形成一支由 30 余名"机长"领衔、100 余架无人机和近 200 名"记者飞手"组成的专业化无人机新闻报道队伍，并且通过新华社各个分社辐射全国。2016 年，无人机让新闻摄影向前跳了一格。

无人机全称"无人驾驶飞机"，是利用无线电遥控设备和自备的程序控制装置操纵的不载人飞机，按应用领域可以分为民用无人机和军用无人机。虽然无人机近几年才出现在大众视野中，但无人机在不为大众所知的时候早已有了近百年的应用历史。

最早的无人机只用于军事。第一次世界大战期间，两位英国将军首次提出了"无人驾驶飞机"的概念，随后无人机开始被用于战争，担负战争中投弹等危险任务，越南战争、海湾战争期间，无人机都担任了重要的角色。

我们今天谈论的无人机与战争中使用的无人机不同，后者更倾向于飞机的作用，它有飞机的外形主要是为了运输和飞行；

而无人机之所以演变成我们今天看到的样子，必须要感谢它的民用化。

近几十年，无人机逐渐在民用领域大展拳脚。1980 年，西北工业大学研发出一种用于航空测绘和航空物理探矿的无人机，并开始小批量生产；1997 年，澳大利亚研发的第一台气象无人机投入使用；1999 年，王坤兴教授在发表的论文中指出，无人机领域在 2000 年之后会有巨大的新发展，事实也正是如此。无人机被应用于救灾、环境监测、交通巡航等各个领域，国内外无人机品牌迅速崛起并占领市场，无人机爱好者的数量也呈井喷式增长……

无人机在救灾领域的作用是毋庸置疑的，毕竟一开始无人机的发明就是为了避免不必要的人员伤亡。

2008 年汶川地震发生后的两天时间，无人机第一时间承担了灾区全部堰塞湖的影像拍摄和灾情解释任务，为灾害评估、抗震救灾提供了重要的数据支撑，这也是我国首次将无人机技术运用到抗灾领域。此后，无人机凭借着对事件快速响应和执行任务时灵活、机动等特点在救灾领域得到了越来越广泛的应用，多次出现在抗灾前线。日本福岛核电站发生泄漏后，无人机代替人类进入现场传回资料；2016 年，我国长江流域发生洪灾时，无人机对灾区地貌的测绘为后来的救援提供指导和保障……灾难发生后地貌改变、通信中断以及物资缺乏等这些问题在无人机出现之后都有了解决的办法。

除了救灾领域，近几年无人机在其他领域也有广泛的应用。

在农业领域,无人机可以测算种植面积,监测农作物生长情况;在环保领域,无人机可以观测植被、水域和空气状况,追踪污染来源;在快递领域,亚马逊和顺丰已经利用无人机进行小型包裹的投递,只需输入地址定位,货物即可上门。形象地来说,无人机有时就像是高空的"卫兵",帮我们监视或看护着我们的财产。

无人机在各个领域展现了它独特的优势,那么它在媒体行业会不会也所向披靡呢?它可不可以深入新闻发生的第一线去记录情况?

无人机丰富了媒体的报道形式,让我们看到了新闻的更多角度和更多角落。但随着无人机在媒体领域的进一步运用,很多问题也渐渐暴露出来。无人机"勇闯"民航航线的新闻屡见不鲜,炸机、坠机事件频发,安全得不到保障……自从无人机开始普及,就一直有人呼吁有关部门出台措施,从国家层面对无人机进行监管,比如建立无人机及其配套产品的市场准入机制、强制加装带有标准电子围栏的安全模块、禁止无安全模块的产品在市场流通、在安全围栏边界设立电子警察、实时进行空中管理、通过无线电波激活超界无人机安全模块的自毁功能等等。

(二)大数据比你更了解你自己

马云曾说过这样一句话:很多人还没搞清楚什么是 PC 互联网的时候,移动互联网来了;还没搞清楚什么是移动互联网的时候,大数据时代又来了。不知道从什么时候起,人们越来越多地开始谈论起"大数据"这个词。那么,它到底是什么?是一件物品、一项技术，还是一种思维方式、一种价值观？我们又该如何看待它的价值？一起来探索吧！

虽然很多时候我们喜欢说"顾名思义"，但这里需要说明的是，大数据并不仅仅是很多很多数据，还有关于某个现象的所有数据的分析、判断、预测……

随着计算机处理能力的日益强大，你能获得的数据量越大，能挖掘到的价值就越多。实验重复重复再重复、数据积累积累再积累，预测、预判事态的发展不再是虚构。

《大数据时代》的作者维克托·迈尔-舍恩伯格与肯尼思·库克耶在书中提出了大数据的四个特点：Volume（数据量大）、Velocity（输入和处理速度快）、Variety（数据多样性）、Value（价值密度低），即所谓的"4V"特点。[1]

所谓的"大"数据究竟有多大呢？可以说，现代社会就是数据的海洋，我们的生活离不开数据。假如你是一个上班族，你每天产生的数据可能有这些：早晨8点上班的路上堵车，你拍了一张照片发了"朋友圈"（第1条），上班时间通过微信和别的社交软件跟你的客户沟通并且给你的同事发送工作邮件（第n条），中午12点在办公室吃完外卖后上传了一份评价（第n+1条），下午下班用滴滴打车叫了一辆顺风车（第n+2条），晚上看了一部电影并打分（第n+3条），睡前在社交网站上上传了你一天的行走步数

---

[1] ［英］维克托·迈尔-舍恩伯格，［英］肯尼思·库克耶. 大数据时代：生活、工作与思维的大变革 [M]. 杭州：浙江人民出版社，2013.

（第 n+4 条），最后还在淘宝上下单了一件你心仪已久的衣服（第 n+5 条）……你可能只是随便过了一天，可是不知不觉就已经产生了数百条数据。

据统计，一天之中互联网上发出的社区帖子达 200 万个，相当于《时代》杂志 770 年的文字量……大数据时代，我们的生活和互联网息息相关，我们的衣食住行离不开数据。可以设想，我们人的一生也可以细化成各种数据，然后浓缩成一个小小的芯片。

虽然"大"，但我们仍然可以将大数据分为几类：一种是传统企业数据，比如公司的消费者信息、商品库存数据、财务报表数据、人事系统数据等；第二种是机器和传感器数据，比如我们的通话记录、机器自动保存的设备日志、交易数据，比如一些智能仪表、工业传感器收到的信息，我们的支付宝账单；第三种则是我们平常不太关注的社交数据，包括用户行为记录、反馈数据等，比如新浪微博上，你关注或常搜索的博主会出现在你的个人主页里，你的淘宝首页里会智能推荐你可能感兴趣的东西。

可能你没注意，但我们的生活确实与以上提到的每一种数据都有着密不可分的联系，可能在不知不觉间我们的日常生活状态就完全暴露到了互联网世界中。所以如果有个陌生人走到你面前，准确地说出了你喜欢的偶像的名字，你可千万别惊讶，想想前一天你在网络上透露了哪些信息？

　　大数据具有高速运行的能力，海量数据、多样混杂且高速地瞬时汇合，必须依赖新的计算技术来解决，比如云计算技术。云计算的出现让大数据的流畅运行成为可能。不管是传统行业还是新兴行业，谁率先与互联网融合成功，从大数据的金矿中发现奇妙的规律，谁就能抢占先机，成为行业的领头羊。

　　关于数据的多样性的特点，我们同样可以举个例子来解释。如果把大数据看做一个家庭，那么这个家庭的成员包括图片、视频、声音、购物记录、聊天信息、刷卡记录等等。在大数据时代之前，没有统一的途径能对这些形态不一的信息进行整合，比如声音就只能出现在广播而不能出现在报纸上。但大数据时代到来之后，一篇微信公众号文章就可以实现声音、文字和视频的集合推送，一个网页就能包含以上所有的内容，这就是数据多样性的魅力。这种多样性虽然可以使新闻的阅读体验得到极大提升，但是不得不说越来越多的青年也因此抛弃了报纸这一载体，使得这种以文字为载体的传播方式面临消亡的威胁。

　　前面我们已经提到，大数据的数据全面但杂乱，这导致了大数据价值密度低的特点。为了解决这个问题，人类运用了各种手段，如通过搜索引擎利用关键字快速找到需要的信息，购物网站通过历史浏览记录推测你可能喜欢的商品，旅游公司通过测算可以预估下一年的旅游热门地……大数据的价值不在于它的"大"，而在于对你有用的那部分"小"数据。但我们不能否认，如果没有价值密度低的"大"，那么我们需要的有价值的"小"也许根本就无从寻找。

大数据与我们的时代相互交融、密不可分,大数据背景下的媒体必然面临转型。每天新浪微博用户发博量超过一亿条,与之相伴的是很多以往看起来"严肃"的媒体在这里呈现出了新面貌:共青团中央官方微博每天与粉丝们亲密互动,被粉丝亲切地称为"团团";每当有新情况发生,各家传统媒体官微总是第一时间推送新闻消息,而传统媒体因介质和渠道受限不得不稍迟一步。

(三)云计算:身在"云端",根在"地面"

1878年,爱迪生决定开发一种电灯泡,为了持续地给它供电,他紧跟着又发明了电流表、发电机等,形成了一套完整的供电系统:爱迪生灯具公司制造灯泡,爱迪生电器公司制造发电机,爱迪生电线公司生产电线。

然而,他的产品只支持直流电。直流电有一个很大的缺陷,那就是不能进行长距离输送。于是,越来越多的个人和企业开始通过独立发电,来点亮爱迪生的直流灯泡。独立发电使得小型私人电厂遍地开花。

他的崇拜者英萨尔更推崇交流电,交流电可以长距离输送。有了这个基础,大量效率低的私人电厂就能整合成一个"中央电厂",通过一根电线,电能就能运输到各处使用。通过"中央电厂",英萨尔实现了大规模的公用电网。

如此一来,欲建立私人电厂的企业或个人,就可以避免采购设备昂贵的发电设备,只需付费,墙面的插头就能提供源源不断的电力,而不必关心这些电来自何方。

故事中取代私人发电厂的"公共电网",就是电气时代的"云计算"。

什么是"云"?"云储存""云服务器"中的"云"指的又是什么?百度云是把资源都存在天上吗?云计算是依托天空作为手段来进行的吗?在"云"概念诞生之初这些疑问就接踵而来。可以先指出的是,这里的"云"指的绝不是天空中自由自在飘着的云,而是一种为提供自助服务而开发的虚拟环境。

"云"是互联网领域中的一种比喻说法,"××云"代表的是一个品牌背后的数百万台服务器及其提供的一系列服务。这些服务器为我们提供了原本应该在我们个人电脑上完成的服务。比如众所周知的百度网盘,用户把原本储存在自己电脑或者硬盘内的资料储存在里面,然后需要的时候就可以在各个客户端提取资料,真正做到了便捷性。

百度云的"云"指的就是百度公司的数百万个服务器及其服务。百度将其服务器的硬盘或硬盘阵列中的一部分容量分给用户使用。

云计算看不见摸不着,如空气一般,但我们却实实在在地享受着它的便利,甚至离不开它。云计算已经在我们生活中生根发芽,未来必将进一步开辟新的道路,为人类生活服务。

曾经,每个家庭、农庄、村落、城市都必须有自己的水井,而今天,你只要打开水龙头,干净的水就会通过供水管道输送进千家万户。

云计算,就像我们厨房里的水一样,可以根据需要,随时打开或者关闭。在自来水供应公司,有一群专业人员负责水的质量和安全以及 24 小时不间断供应。

云计算的计算能力也可以作为一种商品进行流通,就像煤气、水、电一样,取用方便,费用低廉。与它们区别之一就是它是通过互联网提供服务的。

众所周知,越是庞杂的事物,越是需要更系统周密的技术进行分析与管理。未来,物联网会愈发壮大,那么,我们依靠什么来对其上所包含的信息进行分析、分类与共享等技术处理呢?

云计算把计算能力当作一种可以输出的能源,它的输送管道就是网络,它把计算需要的硬件和软件集中在一起形成一个群,就构成了"云"。用户通过网络和这个极其庞大的"云"相连接,需要的时候打开,不需要的时候你就关闭,避免了资源的浪费。

这样一来,全世界的计算能力和信息资源如同天上飘着的一朵朵云,它们之间通过互联网连接。也就是说,我们把数据存放到了云端。

我们来认识一下云计算的两大显而易见的优点:

1. 分布范围广,包括时间和空间,即用户可以随时随地使用。

2. 资源丰富 —— 任何方面的资源,只要你想得到的,在这里都可以找到。

那么云计算会给媒体带来怎样的便利,又是如何应用的呢？首先它可以连接每一个信息"孤岛",实现资源共享、降低成本,提高能力、效率,完善机制,这个特点表现之一就是网盘的分享功能。

此外,它可以虚拟化,如将计算机的物理资源抽象、转换后呈现出来,使用户可以更加方便地使用,不受现有资源的形成架构、地域的限制。

比如人民日报社的"中央厨房"就利用了这一技术。人民日报社新媒体大厦的全媒体大厅是"整个报社新闻采编与经营管理的指挥中枢和中控平台,社领导可以在此调控旗下所有媒体,高效实现全媒体产品的采集、制作与发布"。他们在云端设计了六大技术系统:报纸版面智能化设计系统、可视化产品制作平台、互联网用户管理系统等,实现了重大报道"一体策划、一次采集、多种生成、多元传播、全天滚动、全球覆盖"。

从目前来看,云计算技术确实给我们带来了极大的便利,它为个人用户提供了大量可移动的内存空间,为企业用户提供了高效的数据库,但和这种便捷、高效相伴的是一定的风险。

和所有新技术一样,云计算技术也是有风险的,因为所有用户的数据都储存在"云"里,所以信息有丢失和泄露的风险。丢失很好理解,就好像你临时把压岁钱存在妈妈的口袋里,可是有一天妈妈的口袋破了一个洞,于是你的压岁钱就丢了。数据丢失的风险运营商大都会通过数据备份来解决,只有极少情况下数据会完全丢失。而数据泄露的风险则是时时刻刻都存在的。虽然运营商会采取一些手段来维护安全,不让黑客或者其他人获取用户的信息,但是系统安全的维护和破坏总是"道高一尺,魔高一丈"。何况除了外部窃取信息以外,还可能存在内部窃取信息的情况,更是防不胜防。

除了安全问题,云计算技术还存在一些其他缺点,比如它很依赖网络,网速不佳的时候就有可能造成文件取不出来的情况。除此之外,它还存在一定的法律风险。虽然如此,仍不能否认云计算技术目前已经成为大势所趋,我们只能顺应这股潮流的方向前进,至于那些小瑕疵,随着科学技术的发展总会被慢慢解决的。

(四)人工智能,超乎你想象

2017 年 3 月 2 日,百度董事长李彦宏的提案引起了人们的关注,而提案内容全都聚焦于人工智能。

提案 1:运用人工智能寻找被拐儿童。

提案 2:打造智能交通信号灯,缓解交通拥挤问题。

提案 3:加强人工智能行业应用,构建国家创新性经济。

那么,人工智能真的这么有用吗?

人工智能正在逐渐改变我们的生活,有人说,未来 50% 的工作都会被人工智能替代,但文化、艺术、娱乐、电影、游戏这些方面的工作却不能被取代。

超级人工智能环境下的传播是什么样的呢?清华大学新闻学院教授、博士生导师沈阳所在团队在 2015 年新浪新媒体发布的《未来媒体趋势报告》中提出,超级人工智能蕴藏着更大可能和挑战,这表现在三个超级化能力:一是思维能力超级化——能准确回答几乎所有的问题,如"怎样生成一篇优质的媒体报道",这在目前还难以想象,毕竟即使向一个资深记者提问,也很难在短时间内做出准确、肯定的回答。二是实践能力的超级化——能够执行任何高级指令,自动生成既定要求的媒体报道,也就是说,未来我们将看不到人类记者出现在"两会"现场,取而代之的是一排排机器人在录像和采编。三是创造能力的超级化——自主决策,执行开放式任务,自我学习和改进,自动升级媒体内容、形态、功能,跨越式突破,简单来说就是具备思维、实践操作能力以及最重要的创造能力,这意味着超级人工智能的巨大潜力和无限的可能。

2015年9月10日,腾讯财经发表的一篇报道《8月CPI同比上涨2.0% 创12个月新高》因为署名为自动化新闻写作机器人Dreamwriter,而备受业内外人士关注。11月8日,新华社宣布其机器人记者"快笔小新"上岗,也引发了相关的讨论。

机器人写作,不仅是互联网技术对传媒产业的持续改变,还可能提升新闻作品的质量,推动新闻产品创新。在这种技术与内容的融合中,传统媒体、传统新闻生产模式都将受到影响。

"机器新闻写作"是人工智能技术在新闻传播领域一个突破性的创造。国外,比如福布斯网站、《洛杉矶时报》等媒体在体育新闻、天气预报等领域都应用到了这一技术。例如Automated

Insights 是由美联社与其他投资者投资的美国科技公司,他们的主要产品 Wordsmith 已自动创造出 10 多亿篇文章与报告,主要客户是美联社、雅虎和 Comcast。国内的腾讯公司、新华社也先后推出了写作机器人。

此外,机器新闻还走入了金融领域。搜狐的智能报盘,是一个由机器人自动跟踪、捕捉股票市场动态,并实时发布资讯的系统,通过搜狐新闻客户端"财经频道"同步推送到用户面前,使用户能准确、快速地获取股市即时变动的情况,以及感兴趣的股票信息。

除了钻研棋艺外,智能机器人还广泛地涉猎诗歌。2016 年,在 AlphaGo 战胜人类当下最杰出的一批围棋选手后,CSLT 网站宣布,他们的作诗机器人"薇薇"通过社科院等的唐诗专家评定,通过了"图灵测试"。

据 CSLT 网站公布结果,"薇薇"创作的诗词中,有 31% 被认为是人创作的。不过,在本次测试中,"薇薇"创作古诗的水平还是未能超越现代人类诗人,双方的比分为 2.72 比 3.20(满分 5 分)。

比分比较接近。这意味着即使是拥有一定创作经验的读者,要区分这种比较高明的机器人写的诗也是有一定困难的。

有研究人员表示,从目前已经产出的人工智能创作的诗歌、所画的画作来看,人工智能已经能做一些"类艺术活动",但和真正的人类"创造"还有一定距离。

　　机器人写作有两大特点,首先它擅长写作模块化、结构化的新闻。相对传统媒体而言,它基于云计算和大数据分析,拥有一个采集了大量资料的数据库,一旦需要写稿,它就启动应用程序,提取相应的固定新闻模板,将数据排列、整理,最后一键呈现。其次,随着智能语义分析技术的进步,机器写作会实现部分人格化,这意味着机器人不仅能采写"一板一眼"的严肃新闻,还可以采访和沟通,通过对被采访对象的语气、声调的感知甚至能预测对方的心理活动并做出最合适的反应。

　　从这两个特点来看,机器新闻很明显的优势在于出稿速度快和"超时效性"。速度是新闻采写的关键因素,而机器人新闻写作可以全天候待命,无论是半夜某街道发生火灾,还是 24 小时开会,它都可以第一时间采集数据和发布内容,减少了人类媒体从业者的工作量。

　　既然机器新闻这么好,有人就会问:"机器人是否会和媒体人抢饭碗?"笔者认为这个暂时不用担心。因为社会新闻等体现人的价值观、思考的稿件,机器暂时是无法写出来的。此外,机器新闻出品稿件的好坏取决于它所依赖的数据库的优势,而人的情绪、体验等无法模式化并存储。目前,由于技术水平的限制,机器人新闻写作还只能在经济、体育、灾难等新闻范围进行。

　　主流媒体认为,记者工作是一项高难度的脑力活动,媒体人应创作出更具思想性、更有深度、更专业的报道来应对来自科技的冲击。应该指出:在这个时代,互联网的蓬勃发展使传统新闻业面临整体性的颠覆,新闻生产和采访或许可以脱离记者,但现实生活中的民生题材仍然离不开记者的实地采访,记者的价值仍无可取代。

众所周知,人与机器最本质的差别是人拥有意识和情感,现有的机器无法达到。而越高级的意识活动越具有独特性,这种独特性要求催生意识对象的独一无二:独一无二的诗歌、独一无二的绘画、独一无二的音乐 …… 就目前来看,无论机器所写的诗、画的画、谱的曲怎样的以假乱真,但仍无法企及人类在这些领域的创造。

💬 讨论问题 ·······················································································

　　有一天，人类创造出了具有情感的人工智能机器人，它不仅外形酷似人类，而且只拥有"爱"这一种情感。斯皮尔伯格导演的这部电影《人工智能》就是从这个设想出发，为一个险些失去孩子的家庭，创造了一个"只会爱"的孩子。

　　有一天，父亲为了再拥有孩子，领养了一个智能小孩……

　　1. 请你设想一下，接下来的故事发展会是怎样的？

　　2. 思考一下，情感是人类所独有的吗？

　　3. 电影中有这样一句话："即使机器人能够永远爱人类，人类又有什么理由去爱它们呢？"观看电影后，谈谈你对这句话的理解。

·······················································································

# 第三章

# 知识生产 智慧共享

主题导航

① 生产有质量的知识：智库型媒体

② 智慧共享的桥梁：平台型媒体

　　演说是一种历史悠久的社会活动。四千多年前,古埃及的法老就认为演讲比打仗更有威力。在古希腊、罗马,演说是社会政治斗争的重要武器,产生过伊索格拉底、苏格拉底、亚里士多德等一大批演说家。

　　城邦演讲是时代背景下的产物,公民们在听的过程中,萌发了民主意识和政治意识。

　　如果传播智慧与民主意识的"演说"通过某种渠道,让更广大的群众听到,是不是说,思想的智慧有了更大的影响力?

　　本章,我们将走进生产知识的智库型媒体与智慧共享的平台型媒体。

# 第一节 生产有质量的知识:智库型媒体

 你知道吗?

在新闻传播领域中,内容生产和信息通路是影响新闻传播效果的两个重要因素。我们常常会困惑:为什么生活在一个信息爆炸的时代,却总是搜寻不到自己真正需要的有价值的信息呢?为什么有深度、有思想的信息那么少呢?

梁文道说过这样一段话:"我们每个人读书的时候几乎都有这样的经历,你会发现,有些书是读不懂的,很困难,很难接近、很难进入。我觉得这是真正意义上、严格意义上的阅读,如果一个人一辈子只看他看得懂的书,那表示他其实没看过书。"因此,我们获取的信息,要尽量能开启我们的智慧。

另一方面,人们获取信息的方式应该变得多元,因此,具有广泛用户基础的各种信息平台,要承担起相应的传播责任。

两者结合,在润物细无声的传播中,公众的思想力量将会日益强大,社会将有巨大的进步。

## 一、将智慧聚集起来

先秦的管仲、范蠡,秦末的张良,三国的诸葛亮、郭嘉等,乱世之中,向群雄献计献策,他们有一个共同的名字,叫"谋士";唐朝的房玄龄、魏徵、狄仁杰,北宋的王安石,明朝的张居正等,盛世之中,镇国安邦,他们也有一个共同的名字,叫"贤臣"。

读过《三国演义》的人都知道,里面有个不能被忽略的谋士,名叫诸葛亮。他上知天文,下知地理,用满腹经纶帮助刘备建立伟业,奠定三国鼎立的局面。如果一个国家,有一群"诸葛亮"发挥才智、施展才能,那么这个国家就会繁荣昌盛。

智囊、军师、谋士、幕僚等这些古代"诸葛亮"们构成的集体,在现代有一个称谓——"智库"。

"智库"是什么呢?从字面上来解释"智库"一词,"智"是指"智慧、有见识","库"是指"存储大量东西的建筑物"。综合二者,"智库"即智囊团、思想库。你可以这样理解,智库就是一群有能力的人聚在一起就某些问题进行讨论研究。

站在历史的角度来考察,古代就有了智库的雏形。从我国古代的言官进谏献言,为皇帝出点子,到后来专门设置机构为决策者提供参考意见,智库这一机构一直在不断地完善。

要想成为具备全球视野的传媒领军人物,没有一个由专家组成的智库的辅助是很难做到的。美国的经济发展离不开"红、黄、黑"三类顶尖人物组成的精英团队:"红"代表政府,"黄"代表企业家,"黑"代表学术界。在这个三角组合中,"黑"通常是理论先行者,是实践指导者,是前两者最为依赖的学术支撑。

在现代社会,信息的传播内容与速度都是极为快速的,我们处在一个开放性和包容性极强的时代,闭门造车的智库效用不大,智库唯有和媒体这一强大的信息舆论利器结合在一起,才能更好地发挥它的作用。

智库型媒体的初衷正是如此:既发挥智库思想先进、科学的作用,又通过媒体,扩展到我们大众,智库是灵魂,媒体是其躯壳,

 资料链接

### 全球智库报告 2016

由詹姆斯·麦甘领衔全球智库报告 2016 的美国宾夕法尼亚大学"智库研究项目"组编写的《全球智库报告 2016》(中文版)2017 年 1 月 25 日在京首发。根据报告,2016 年全球共有智库 6846 家。北美洲智库数量最多,拥有 1931 家;欧洲位列第二,拥有 1770 家;亚洲紧随其后,拥有 1262 家。美国拥有 1835 家智库,保持智库数量世界第一;中国稳居世界第二,拥有智库数量达 435 家;英国和印度智库数量位列中国之后,分别为 288 家和 280 家。根据区域分布、研究领域、特殊成就三类标准,《全球智库报告 2016》共列出 52 个分项表单。其中,中国智库上榜的表单数达到 41 个,与 2015 年相比增加了 13 个。

(来源:《光明日报》2017 年 2 月 9 日 11 版)

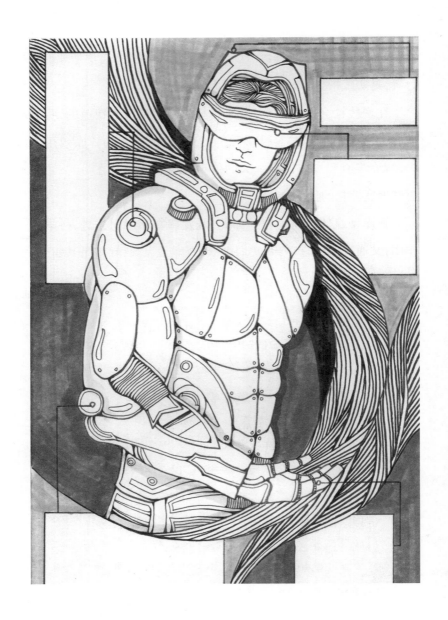

看我一身穿戴，既时尚又智能

以此启迪我们的智慧,帮助我们决策。

也许你会不自觉地发现,曾经很喜爱的动画片、"打怪兽"游戏,在不知不觉中,已经不再具有吸引力了,你甚至还会嘲弄小时候的自己 ——"多幼稚的小孩呀",这是人逐渐成长的表现。我们会逐渐成熟,慢慢地有了自己独立的思考和认识世界的方式,而推动我们的思想日益深化、思维日益发散的,是智库型媒体。

媒体最基本的特性就是具有广泛的传播性。智库型媒体同样拥有这一特性。随着技术的不断进步,这些研究成果不再是枯燥乏味的文字形式,图片、漫画、视频等新的形式逐渐加入。这样的智力成果可以在多平台上被了解,微信、微博或者相关的 App 上被看到。只要你关注了它,随时都可以接受推送,以了解最新的情况。

智库型媒体像一艘轮船,它所承载的货物多多益善,并且永远不会超载。它能在同一时间抵达世界的任何地方,为堤岸上的人们带来他们所需要的货物。

也许你已经猜到了,这艘轮船就是媒体,而轮船上所承载的货物就是智库的结晶。通过媒体这艘无处不达的轮船,它让每个岸上的人都得到智慧的果实。

这艘轮船,它会遇到质疑的风波,遇到反对的旋涡,遇到恶意的雷电,但只要一心想着堤岸上的人们,历史会证明,谁是真正推动社会发展的利器。

## 二、智库的发展历史

"智库"和当代其他许多理论、概念一样,带有浓厚的当代西方文化特征。"智库"一词译自英文的 Think Tank,又称"思想库"。根据韦氏词典对智库的定义,智库是对社会政策、政治策略、经济或科技问题、工业或商业政策以及军事建议等进行研究的某个组织、机构、公司、团体或个人。

中国也早已产生类似于智库的机构,只不过在不同的历史阶段显现出不同的形态。

（一）早期智库的形态

在中国古代,贤明的帝王将相深知智囊在维护统治、推动社会发展中的重要作用,因而广泛招贤纳才,并通过召对、会议、奏章、票拟、草制等形式,广泛咨询并听取贤才们的意见。

夏、周、商时期,夏、商的家臣和两周的谋士蜚声古今。商朝的兴起得益于仲虺、伊尹等智者的相助,周朝的兴起更是因为周公旦、太公望等人的辅政有方。春秋战国时期,诸侯们为争霸一方,纷纷招贤纳士,聘养食客,"养士"成为一种时尚。当时号称"四公子"的孟尝君、春申君、信陵君和平原君都以"养士"著称,各有门客数千人。春秋初期的政治家管仲,以他出色的智谋辅佐齐桓公,使其成为五霸之首。战国时期,秦国重视招揽各种谋士,采纳智囊的建议,以西部贫弱之小国而雄踞天下,战胜齐、燕、楚、韩、魏、赵六国而统一全国。汉朝张良、陈平辅助刘邦夺取天下。

诸葛亮以其足智多谋、神机妙算辅助刘备取得一个又一个胜利。至唐代,士人为幕已经成为普遍现象。元太祖成吉思汗及其儿子窝阔台的帝业,离不开知识渊博、胆识过人的智囊耶律楚材。明朝的朱元璋也是借助刘伯温等人的智谋,当上了开国皇帝。[1]

经过中国历朝漫长的锤炼之后,到清朝,智囊开始走向职业化,开府设幕成为国家制度的一项重要内容。朝廷不断用科举、开特科(博学鸿词)等方式广揽人才,扩大官僚队伍,完善统治机构。

西方国家也有许多智囊,如亚历山大大帝身边的著名学者亚里士多德等谋士,也是早期形态的智库,表明智者参政很早就构成了国家治理模式的一个重要特征。

(二)智库的发展历程

从重大历史事件的发生和其相对应的政治环境的变化这一视角出发,中国思想库的发展历程从中华人民共和国成立开始到现在可分为三个阶段:第一阶段是中华人民共和国成立至改革开放前。这一时期,政策研究机构按照苏联模式建立,机构的独立性相对较弱。改革开放前的社会主义中国,掌握理论知识与专业素养的知识分子不少,也有不少社会科学的研究机构和高校,但是专家从事的是政府的政策解释性研究。

第二阶段是改革开放到 20 世纪 80 年代末。这一时期,中国

---

[1] 李建军,崔树义.世界各国智库研究 [M]. 北京:人民出版社,2010:102~104.

思想库逐渐稳步发展，事业单位型思想库发展成为政府决策的重要咨询力量。20 世纪 90 年代初，邓小平南方谈话后，中国思想库再次得到了巨大的发展。

第三阶段是 20 世纪 90 年代初到现在。这一时期的思想库在研究领域上呈现出多元化的格局，民间思想库开始兴起。随着改革开放的深入，过去只研究宏观经济领域的思想库开始越来越关心其他相关领域，从高科技、失业到现实生活中的新问题。除了专门研究经济政策的思想库外，许多国际关系或安全等研究领域的机构也开始公开向大众表达观点，国际关系问题专家还频频在中国主流媒体中出现，分析时政问题，引导公众观点。[1]

因此，有专家认为现代意义上的智库在西方的发展大体表现为三个阶段：第一阶段，从西方启蒙运动和工业革命开始到第二次世界大战，是智库产生并开始发展的时期。第二阶段，从第二次世界大战结束到 20 世纪 90 年代，是智库实现实质性发展的时期。第三阶段，从 20 世纪 90 年代到目前，是智库改革创新、力求实现新突破的时期。[2]

---

[1] 朱旭峰 . 中国思想库 —— 政策过程中的影响力研究 [M]. 北京：清华大学出版社，2009：70~74.

[2] 刘宁 . 智库的历史演进、基本特征及走向 [J]. 重庆社会科学 .2012（3）：130~109.

## 三、智库与媒体的融合

20世纪20年代,沃尔特·李普曼和约翰·杜威展开了一次针对报刊与公众的辩论。

李普曼在《公众舆论》中认为,大众通过不完整的、碎片化的媒体报道来认识世界,因此,大众无法了解真正决定集体命运的社会和政治事件。

杜威则认为,公众对于社会实践有主动参与的意愿与能力,虽然公众对社会发展趋势理解不全面,但是作为社会实践的参与者,他们可以通过媒体获取认知并推动事物的发展。

这场辩论在智库产生之后似乎找到了折中点。纽约城市大学教授、智库研究专家埃里克·奥尔特曼认为,智库产品实际上介于新闻报道和学界论证之间。它不像新闻界变化得那么快和零散,对具体事物的准确认识往往需要等上数年,也不像学界的研究有时会刻意绕开民生和热点。智库面向大众,关注公众关心的问题,旨在利用具有前瞻性的调查去影响政府政策的制定。

智库的作用是什么?它是给决策者提供参考的高水准智力服务。由专业的团队就某一问题进行深入的研究与讨论,可见其专业化程度之高。提供高质量的决策参考只是第一步,接下来需要让通过研究得出的结论得到大众的关注。只有拥有了良好的传播渠道,大众才能了解真实情况,引起决策者才能引起注意从而做出正确的决断。

随着信息革命不断推进，媒体行业对社会的影响越来越大。尤其在网络如此发达的环境下，人们越来越依赖媒体以获得世界各地的信息。这不单单只是人们日常所需的消遣方式，同时也在国家政治、经济、文化等方面起着重要的作用。

无论从哪一方面来看，智库与媒体的融合都势在必行。

首先，从两者运作的方式来看，两者是互补的。媒体更多的是收集来自社会大众的信息，信息面广，对于真实情况有更深的体验。而智库更多的是收集专家们的意见，是从专业化的角度去看待问题、解决问题。这就有可能产生与实际情况不符合的问题。因此，将两者的信息综合起

资料链接

### 利用智库扶贫

在民生问题的研究上，"凤凰网国际智库"曾与中国农业大学、中国人民大学等高校的专家学者团队合作，集中了专业资源和智慧，发布了《2016 中国扶贫报告》，对中国当年的扶贫减贫工作做了总结，也分析了未来扶贫工作中可能会遇到的挑战。

扶贫工作深系民生，更关乎国家未来的发展，智库利用独特的资源优势和扎实的理论基础，再结合细致的实践调查，通过凤凰网广泛的受众基础传播，在向社会各界展现客观真实的扶贫成绩的同时，也实事求是地指出未来扶贫工作将要面临的挑战和困难。

来,共同商讨研究,这样得出的结论不仅符合公众的切身利益,也从专业角度更好地解决了问题。

其次,从两者自身的作用来说,只有两者完美地融合,才能提高最终效益。智库越来越专业化,为某一领域成立的智库越来越多。像我国的中国金融智库是就金融这一领域所成立的团队,与其合作的单位大部分都是银行等企业;再如财新智库,它主攻证券门户和港股资讯,致力于做最好的港股资讯网站。

最后,从两者的最终目的来说,都是为社会和大众服务。媒体无论是发布新闻还是解读政策,都是为了让社会、大众知晓和消遣。智库虽然是为了给决策者提供决策意见,但就其最终的影响来说,决策者所做出的决策都是为了社会、大众。因而,两者的融合能更好地服务大众,满足社会的发展需求。

智库专家通过媒介的传播,既强化了名家效应,又使媒体提升了传播能力。智库成为媒体加深传播和影响力的砝码。即使是"吃瓜群众",不仅听得懂,还能听得深刻。

我们青少年看问题的角度,也在其中不断地被扩展深化。成为一个有思想的人,不仅仅是一句口号或想法而已,搭上智库型媒体这艘轮船,会走得更远。

"知识力"这个名词初听觉得有点陌生,但我们知道"科学技术是第一生产力"这句名言。你也听过"知识就是力量"吧,或许你会感到困惑,知识就是力量,可力量表现在哪儿呢?我们要告诉你的是,在现代,知识的力量已经初步显现,众多以专业知识为优质内容的生产机构正在源源不断地涌现,在未来,知识的力量会越来越强大。

从 20 世纪七八十年代起,世界开始由工业文明快速地向知识文明转变,完成了"物质经济"向"知识经济"的过渡。

也就是说,我们已经从曾经吃不饱、穿不暖的社会中解脱出来,也从沉重的体力劳动中逐步解放。在当代,人们迫切需要的是精神世界的充电,是去享受生活,而不是被生活劳役。目前,在世界产业体系中,强势产业是知识经济、服务经济和物质经济。

21 世纪,是知识的时代,也是人才竞争尤为激烈的时代。面对这样的时代,我们要尊重知识与人才,所谓"知之者不如好之者,好之者不如乐之者",激发自己对知识的兴趣,主动成为一个勤学好问的青少年。

智库既研究社会思潮又引导社会舆论,在社会思潮的形成和发展过程中扮演核心角色,无论规模大小,皆以进行政策设计、提供方案为己任。

智库的研究和实践不断为政府提供信息和智慧产品,使政府有关部门能够快速、广泛地看到民情民意,更好地为人民服务。

全媒体时代的到来,为智库型媒体的发展提供了新的机遇。智库和媒体的结合,在启智与资政方面,在决策当下与预测未来方面,在引导舆论和引领思想方面,无疑是两翼生风、力量惊人。

更专业、更具灵活性的新闻生产体系以及知识生产体系,汇聚民意的力量和智库的力量,智库型媒体的未来一片光明。

## 四、智库型媒体的未来

### (一)团队建设与服务公众

术业有专攻。智库型媒体针对某一领域或某些领域发表专业上的见解,由各自领域中的专家学者利用自己的专业技能解惑。例如,"中国智库"的"经济观察"就是由经济学方面的专家发表自己的看法;再如《财新周刊》致力于财经领域,由专家学者专门就财经问题进行讨论,以供决策者参考。

智库资源下媒体报道的深度化。智库是一个在特定领域有着高智商水平的团队,虽然媒体也是智力机构,但其在某一特定的领域与智库相比仍有差距。如今,两者融合,决策者不仅能直接了解第一线的情况,同时还有高智力团队的支持。在两者的共同努力下,商榷出来的结果也能更好地为决策者作参考,更重要的是能更好地服务于公众。

舆论导向的风向标。智库型媒体具有预见未来的可能性,专家学者通过对各个领域的调查和研究,对各行业以及市场变化的掌控,适度地对相关领域进行超前的预见。这样的智库服务能帮助决策者对可预知的事物进行预判,尽可能做出正确的决策,以应对社会的发展。

## (二)专业发展与跨界合作

目前,我国的智库型媒体数量在不断地增加,不少媒体为适应社会发展潮流纷纷创建了智库型媒体,这是一种创新。同时,我们也要看到,若没有好的规划,没有相配套的基础设施,没有相关的人才储备,这将是资源的浪费。媒体应从自身的能力出发,人力、物力、财力都将是建立智库型媒体的必要基础。

智库型媒体的跨界合作能力将会越来越强,智库人员与媒体人员之间并不是雇用与被雇用的关系,而是相互合作、致力于为人类事业做出巨大贡献的关系。因此,跨界合作将会成为一种常态,两者互利共赢。同时智库型媒体的专业化程度越来越高,在某一领域颇有建树是智库型媒体的定位所系。总而言之,智库型媒体发展潜力巨大。

# 第二节 智慧共享的桥梁:平台型媒体

💡 你知道吗?

　　有一天,你所熟知的媒体在技术浪潮中被颠覆,你是否愿意迈步推开新的科技媒体之门?

　　你是否还能回想起,从何时起,网络论坛、BBS 不知不觉地风光不再?

　　未来的媒体将会是怎样的?我们将通过怎样的方式与未来媒体接触?

　　本节我们一起了解一个在群雄林立的媒体格局中势头正盛的新兴"门派"——平台型媒体。

## 一、什么是平台型媒体

　　微信,5 亿;新浪微博,5 亿;QQ,8 亿;Facebook,12 亿。这些惊人的用户规模中,瞬间崛起的不是数字,而是数字背后的人和需求。

　　这海量的用户背后,是一个个巨大的共享型平台。

互联网已经成为人与人连接的常见方式,互联网的连接层次在不断加深,边界也日益扩大。互联网不仅能够联系人和人,还能够联系人和物,乃至物和物。信息传播内容越来越丰富,公共信息和个性化信息都存在于互联网信息传播中。

未来的媒体将是平台型的媒体。所谓"平台型媒体"有两层意思:一是这种媒体是提供公共信息及其他信息的传播、交流、互动的平台。也就是说,在社区网络空间平台,媒体传播、人际传播和组织传播的界限已经消失了,人们的信息需求与社交需求、物质需求在同一个平台上进行。二是指它将在一个更大的互联网生态系统中存在。

平台型媒体的英文构成,很形象地向我们阐述了它的概念:platisher,即平台型媒体,它是 platform(平台商)和 publisher

资料链接

### 中国移动资讯平台

艾瑞咨询发布了《2016—2017 中国移动资讯市场研究报告》。报告显示,2016 年移动资讯平台活跃用户排行榜上,"腾讯新闻"位居第一,"UC 头条""今日头条"分列第二、三名。

数据显示,腾讯新闻依托其渠道优势,以 38.5% 的用户渗透率排名第一,"UC 头条"和"今日头条"分别为 35.3%、32.6%。

进入移动资讯平台活跃用户前十的还包括网易新闻、搜狐新闻、凤凰新闻、新浪新闻、ZAKER、澎湃新闻等。　(来源:搜狐科技)

（出版商）两个单词合成后的新词，也就是平台和媒体的交集。

一般来说，平台型媒体首先是有海量用户和热门应用的，即粉丝多、有热点；其次用户都有机会在平台上分享自己的原创内容；最后，平台型媒体又通过后台自行筛选、检测内容并推荐给符合需求的用户。

20世纪末，如果有人说，《新华字典》大小的芯片，能装下一个图书馆的书，其他人一定会嘲笑他异想天开。

历史上任何一种新媒体的发生、发育、发展，都有一个"钟摆效应"，在"渠道"与"内容"之间往复摆动。首先是技术进步带来的平台（渠道）建设，其次是平台（渠道）基础之上的内容建设，然后是在融合情境之中的更多更高水平的新平台与新内容建设，直至下一种新媒体（新媒介）出现，再重复这一过程。

就像印刷技术催生的报纸杂志，无线电技术催生的电台，无线视频信号传送技术催生的电视台，有线网络技术催生的有线电视频道等等，它们都有这样的过程。互联网也不例外。

平台型媒体是互联网技术从发展到成熟，技术应用与内容生产之间的一次自然融合。

如今，人们使用的智能手机，就是新技术革命下的产物。通过它，我们每天利用平台型媒体获取海量的信息服务、便捷的生活服务和丰富的社交服务。我们也期待未来有更多更完善的体验通过平台型媒体去实现。

网络超越时空，世界正在变平

## 二、平台型媒体的特点

"今日头条"通过大数据分析等技术,比你更了解你想要看到怎样的信息。以"今日头条"为代表的平台型媒体,本质上是一个开放性的、社会性的服务平台,平台建设者给平台制定一定的传播和生产规则,并允许用户在这个开放的公共平台上组织、生产内容,同时完成信息之间的消费流通。

这就像学校给在校的老师和同学们制定的规则一样,大家在开放的校园环境中组织学习和娱乐活动,同时完成在校的工作任务和学业任务,获得工资或者知识。

那么,平台型媒体有什么特点呢?

首先,它是具有私人订制功能的信息王国。虽然"今日头条"是个新闻 App,但它自创办起就否认自身是新闻移动客户端,而是信息推荐引擎:不生产新闻,而做新闻搬运工,它是新闻客户端里的"百度"。

我们知道,百度是搜索引擎,它汇集来自各个网站的新闻资源,通过关键词等方式,让你搜索到自己需要的信息。而平台型媒体则通过整合媒体新闻内容,重新编排,由推荐引擎分发新闻内容。

比如,"今日头条"会根据读者的年龄、性别、收入等基本信息确定身份,通过所在圈子、互动好友、关注领域等信息作出更加精准地定位,再加上地理位置和时间等指标,可以分析你在特定时间、特定地点的情景身份,掌握你在不同场景中的需求。这一定程度上解决了信息查看的盲区。以前的报纸,都由编辑判定头条和新闻的重要性,读者只能接受,很多时候,这些信息并不是读者感兴趣的或真正需要的。而"今日头条"通过大数据分析,可以专为读者私人订制一份"自己的报纸"。

其次,庞大的人工力量与智能技术的结合。一个提供新闻资讯的 App 里,没有一个编辑、记者,这样的团队你信吗? 在"今日头条"的团队里,一半以上员工都是产品技术人员,它依靠信息推荐系统,观察记录读者的阅读选择、停留时间、收藏内容、评论以及朋友圈、地点等,分析出读者的需求量、兴趣点、关注度,之后通过对海量数据的深度挖掘,为读者个人推荐最为感兴趣的内容,满足每一位读者更为丰富、个性化、多元化的需求。

最后,合作共处,实现共赢。因此,"今日头条"不断创新信息内容的搜索和分发渠道,帮助全球用户更快地搜索到有价值的信息,成为用户获取信息的首选平台。

此外,它还打造了一个拥有自己独立广告联盟的自媒体平台,通过自媒体扶持计划,与自媒体实行阅读分成。总之,"今日头条"致力于搭建平台,建设一个媒体、用户和广告主共赢的体系。

平台型媒体有四大"法宝"。

法宝之一:成熟的技术应用

"今日头条"的每个用户,每天的推送内容都不一样。这些听起来似乎很神奇，其实它只是根据用户特征、场景和文章特征做个性化推荐，而这些推荐不靠编辑，靠技术算法。什么是技术算法呢？读者可以将它理解为一种运行的计算机程序。这种技术算法使得大数据基础上的个性化信息推荐就像一支神奇的画笔，它只要通过分析数据就能细致描绘出你的画像，判断你的兴趣，并据此推荐信息。你的使用行为越丰富，"今日头条"推荐的精确度就越高。技术应用是平台型媒体的重要法宝之一，没有算法就没有平台型媒体所提供的智能服务。这种智能的高超技术是普通媒体所无法企及的。

**资料链接**

### 今日头条

"今日头条"于2012年8月上线，以不到三年时间实现App装机用户2.2亿，活跃用户超4000万，估值超过5亿美元。

截至2017年8月，"今日头条"活跃用户已经达到2.4亿，是目前我国最具代表性的平台型媒体。

### 扩展知识·自媒体

自媒体（we media）又称"公民媒体"或"个人媒体"，是私人化、平民化、普泛化、自主化的传播者，以现代化、电子化的手段，向不特定的大多数或者特定的单个人传递规范性及非规范性的新媒体的总称。

（改编自：新浪科技、百度百科）

法宝之二:海量的用户导入

平台型媒体有时像一个战士,作为战士他有以下这些威力。

武器:平台交互中心的规则设定和算法分析;

对象:海量用户阅读选择数据和用户阅读偏好、兴趣数据;

操作:进行扫描、记录、计算和匹配;

目标:实现信息定向传送、订制生产。

用户对平台型媒体也会产生重要影响。这就像打游戏时不管是对方战场还是本地战场,是队友还是对手,都能清楚地了解和认识,知己知彼,百战百胜,对不同的人有不同的作战方式和搭配方式。

法宝之三:开放的内容供给

当你打开平台型媒体,不仅能看到来自传统媒体和新闻网站的信息,还有很多原创内容。这就像走进了一个品牌多元的大型百货商厦,你所能看到的信息犹如来自各地的不同类的产品。比如"百度百家"上,用户可注册百家号形成自己的媒体发布平台,这样便可不再局限于新闻等公共信息和大众娱乐内容的生产和发布,它还通过整合线上线下各个方面的生活场景来搭建应用平台的基础框架。

法宝之四:专业的采编准则

你能够想象没有专业编辑审核的平台吗?你能够想象各种信息鱼龙混杂、质量参差不齐吗?你能够想象进入平台后低速劣质的信息充斥眼球吗?或许你以为,平台型媒体是靠技术算法运转,所以就没有了门槛,什么人都能发表信息。事实是,平台型媒体是专业编辑机制和算法推荐机制结合运行的媒体,有一部分平台型媒体中有专业的编辑审核。就像"百度百家"有自己的编辑,进入"百度百家"有门槛。为了保证"百度百家"的整体质量,除了由编辑邀请进入"百度百家"开设专栏的名家之外,其他人要进入需要先行投稿,在成功发稿三篇后,才有资格申请开设专栏。

## 三、传统媒体与平台型媒体

传统媒体与平台型媒体之间的关系,究竟是对手关系,还是队友关系呢?

前文我们已经阐述了平台型媒体的"四大法宝"。可以看出,平台型媒体对科技的依赖程度高,并且以此获得对用户的精准定位,从而赢得用户。而传统媒体,多数工作仍需人工完成,这样一比较,效率自然比不上平台型媒体。

传统媒体向平台型媒体的转型,有两种形式:一种是打造自己的媒体平台,例如《湖南日报》开发的"新湖南"App,通过它读者可以在手机上阅读报纸。另一种则是借助优势平台力量,例如,许多传统媒体都拥有自己的微信公众号,在微博上也有官方认证的微博账号。

目前,世界上大多数传统媒体的发展都陷入低谷,甚至有人高呼"纸媒已死",而网络、新媒体等则受到多数人的追捧。传统媒体想转型拯救自己可不是那么容易的,转型的过程总是举步维艰又须谨慎大胆的,就像毛虫破茧成蝶,需要经历巨大的痛苦。

时代发展,大浪淘沙。顺应时代潮流的媒体,将成为时代的弄潮儿,而固执己见、保守而不知进取的媒体,则极有可能被淘汰。

美国著名传统报纸《纽约时报》的历史,就是一个很好的例子。20 世纪初,《纽约时报》出版商阿道夫·西蒙·奥克斯曾有机会对一家新开办的公司进行投资。但他的决定是放弃,因为该公司所经营的业务与《纽约时报》主业相去甚远。那家公司的名字后来叫可口可乐。

第二次世界大战后,电视行业蓬勃发展,美国政府指名由在新闻业内建立了卓越声誉的《纽约时报》在纽约开办一家电视台。《纽约时报》的管理层觉得这不是自己的主业,像谢绝可口可乐那样谢绝了这个机会。

历史经验告诉我们,每一次新技术都战胜了媒体,成功地拥立新媒体登基。在科技与媒体的战争中,守成的媒体只能是失败者;而永无止境地前行的科技,永远是胜利者。

然而,科技与媒体的结合,不能是机械的,而是应该结合两者的特点与优势。

*The Daily*(《日报》)是 2011 年 1 月新闻集团与苹果公司合作开发的 iPad 上的付费新闻阅读产品,可以说是新闻集团首款 iPad 报纸。

*The Daily* 诞生之时，正是 iPad 风靡全球的时候。乔布斯还力挺 *The Daily* 作为 iPad 上最令人期待的新闻阅读应用。彼时，默多克和 *The Daily* 风光无限，令无数传统纸媒遐想不已，高呼救世主来了。时光飞逝，经历裁员与巨额亏损后，还不到两岁的 *The Daily* 也已经停办。

*The Daily* 的运营模式基本照搬了传统媒体模式，只不过发行不再通过印刷，而是通过 iPad 和 "App Store"。传统媒体模式是这样的：一群精英新闻人生产优质新闻报道，通过用户付费或者广告赢利。这种模式在纸质时代屡试不爽，创造了很多媒体奇迹。

在互联网和移动互联网时代，这样的模式是否还能继续？*The Daily* 的案例似乎告诉我们，这样的模式已经走到了末路。

在 *The Daily* 里什么都有，政治、娱乐、国际、体育，音频、视频，版面很花哨，但人们就是没什么理由去购买。相关文章分析，美国的一些科技博客作者也认为 *The Daily* 中内容没有什么有特色的地方，其受众定位为大众读者，内容也的确很大众。"总有一条你觉得能点开看看"，这是典型的传统媒体的思路。

可是今天，推特、微博这样的社会化媒体让信息获取变得越来越低廉和迅速。国内，微博已经明显分流了门户网站的流量，大量用户通过微博来看新闻，而不是去门户网站。国外，版权保护更为完善，但是大量的第一手信息也来自推特，包括一些重磅新闻，还要走完一个采编流程的传统大众媒体在信息传播上无疑落了下风。

用户在充分的多元选择面前,收费的 *The Daily* 难有作为。即使 *The Daily* 免费,完全通过广告获利,也不会拥有太多的用户。

时代的大势是,大一统的媒体将不复存在,在某个领域精耕细作的小而精的媒体将会大量涌现。这样小而精的媒体需要一个领域里的部分精英集中生产优质的内容,通过互联网和移动互联网的渠道发布,以收费或者发布广告的形式获得收入。

所以,通过 *The Daily* 的衰亡,我们可以得到一点启发:传统媒体若想转型或进行媒体的融合,必须顺应互联网思维,研究现代人获取新闻的"惰性意识",而不仅仅像曾经那样信息轰炸。

可以说,平台型媒体与传统媒体现在是亦敌亦友的关系,但未来会怎样,交给时间来证明吧。

## 四、平台型媒体的多样化与精神

### (一)可以听的平台型媒体

每天的清晨,上下学的路上,散步健身时或是临睡前,数百万的用户通过喜马拉雅 App、网站收听各种各样的音频节目。

这意味着,不同的互联网应用与不同媒体结合,会产生不同的平台型媒体:"今日头条"是专门搬运新闻的平台型媒体,而喜马拉雅电台则是私人专属的订制电台。

当你使用喜马拉雅 App，就可实现随时随地听我想听、说我想说。喜马拉雅电台是目前国内最受欢迎的音乐分享平台，大家在喜马拉雅电台可以听到几乎所有想听的音频。

从本质上讲，喜马拉雅 App 属于平台型媒体，它以"专属的个性化电台"为服务卖点。这一平台汇集了海量的音频信息，用户在这里可以听段子、听小说、听音乐、听新闻和听培训。喜马拉雅平台上，我们不仅能够随意选择自己想听的节目，还能让我们随时随地和主播互动，告诉他你想听什么。而且，你也可以上传自己的声音到喜马拉雅 App，永久保存并见证生命鲜活的历程，同时一键分享给微博、微信、QQ、人人好友；甚至通过申请加 V，成为主播，轻松创建并经营个人电台，赢得万千追随者。

（二）平台型媒体的"淘宝精神"

大家都有在淘宝网购物的经历。当我们在"剁手"买买买时，是否想过，究竟是一种怎样的初衷和精神，让淘宝网成为众多卖家集聚的地盘？它和我们要讲的平台型媒体，有没有什么联系呢？

淘宝网如同线上建立的一个虚拟的商城，让个人、企业、公司在它的网站开店。而平台型媒体也是如此，在内容方面，建立类似的一个内容分销、共享和多方参与的平台，这才是符合互联网逻辑的媒体构建。

这里通行的关键词是开放、激活、整合和服务,这就是我们对互联网基础上未来传播新模式的理解。

这样的平台,就是要让所有的个人在上面找到自己的通道,找到能够激发自己活力的资源,这就是平台构造的基本特征。

有了这样的技术、规则,平台就形成了一种新的媒介生态,每个人都能各得其所,主观上是为自己而奋斗,客观上又在造福整个社会,这就是最好的生态化的机制,从而实现一种好的社会管理。

**资料链接**

**媒介素养**

媒介素养是指正确地、建设性地享用大众传播资源,能够充分利用媒介资源完善自我,参与社会进步的能力。主要包括公众利用媒介资源的动机、使用媒介资源的方式方法与态度、利用媒介资源的有效程度以及对传媒的批判能力等。

你知道管理吗? 也许你曾担任过班干部,或者当过小导游,在这些小事上,你可能完成得游刃有余,也可能心有余而力不足。有时候,我们会把管理当成一种控制。其实,从现代管理学的原理看,管理就是一种服务,而管理不是为了管死,而是为了激活。一项管理的制度和行为是否合适,唯一的判别标准就是看它所产生的效果。

真正的管理就是要形成一个生态圈,让每一个个体在里面都能各得其所,这就是所谓未来媒体发展的主流模式 —— 构建平台型媒体。这个平台可大可小,可以在不同领域,以人的社会关系和社会关联作为半径来构造。媒体的管理和运作都是在这个平台上充分利用社会各方面资源的结果。

平台型媒体的本质是开放性和社会性的服务平台,用推特CEO迪克·科斯特罗的话来说就是:"我们要为我们的用户在组织内容方面提供更好的服务。我们不仅要按照时间线顺序提供最快最新的内容,还要按照话题、主题、专题来组织内容。"

💬 讨论问题 ┈┈┈┈┈┈┈┈┈┈┈┈┈┈┈┈┈┈┈┈┈┈┈┈┈┈┈┈

　　聪聪和小军有一项作业是小论文写作。他们充分地运用了智库型媒体以加深文章的思想性,也收获了许多知识,并利用平台型媒体,将论文分享给更多的人看,收获了不少点赞。

　　聪聪和小军对这两种媒体有了深入的体验,他们也提出了以下的问题:

　　1.智库型媒体会让人更勤于思考还是变得懒惰?

　　2.你最熟悉的平台型媒体是什么?想想自己通常都利用它做什么。

　　3.你对这两种类型的媒体的认识有哪些?

# 第四章

## 万物皆媒　人机共生

　　如果你拥有这样一种技能,能让身边的物体来回答你的问题,告诉你:嘿,我是电脑,我出生于 …… 你好,我是红绿灯,红灯表示是停下脚步,绿灯表示通行 …… 我是天空,我不会掉下来,我和你之间的距离有 ……

　　甚至任何东西都能成为你的好朋友,陪你说话聊天,你可以和每晚抱着入睡的布娃娃说一声"晚安"再入睡,当然,这次她会回应你一声"晚安";甚至可以和蜘蛛侠、超人进行一场没有硝烟的讨论:怎样才能成为大英雄,如何打败怪兽 ……

　　未来媒体就能赋予你这样的技能,它就如打开新世界大门的钥匙,身边的一切都能"开口说话",它还能给你关于"物"的答案,能让你足不出户就知晓一切,甚至可以赋予物体以人的感受等等,所有的物体都具有媒体的特性,这就是"万物皆媒"。

　　当然,你也许会追问,这样"万物皆媒"的未来时代究竟何时才来? 它又是依靠着怎样"神奇的力量"得以实现的呢? 甚至更多充满想象力和有好奇心的疑问,这都是我们在畅想未来世界时各色各样的图画。想象都是合理的,未来需要我们的想象与技术去创造。

　　我们面对的,是一个日新月异的时代,万物皆媒是这一时代的重要体现。这一章,我们将拿着这把钥匙,发现万物皆媒时代的种种宝藏。

# 第一节 物联网的世界

💡 你知道吗？

哲学告诉我们："一切事物都处在普遍联系之中，整个世界就是一个普遍联系的有机整体。"

尤其是生活在社会上的个人，是不可能孤立存在的。不过，在未来，这一联系极有可能强化，不仅仅是人之间联系的强化，还有物体之间联系的增强。

我们将迎来一个物联网的世界，一个与互联网紧密相连而又千差万别的世界。

## 一、物联网的起源与发展

如今我们可以随时去自动售货机上购买饮料和食品，看起来自动售货机内的货物似乎取之不竭，然而并非一开始就如此。

20 世纪 80 年代，卡内基梅隆大学有一群程序设计师下楼买可乐时，总会遇到自动售货机内可乐售空或者没有冰可乐的情况，于是常常空手而归。为了能让自己的需求得到满足，他们利用自身的知识技术,把自动售货机接上网络,并创建程序监视售货机内可乐瓶的数量以及可乐是否是冰的。

这就是最初的物联网与生活的"摩擦"。

1991年英国剑桥大学的一个小小咖啡壶,吸引了上百万人的关注。这是真的吗?是的,实现这一壮举的就是一个名为"特洛伊"的咖啡壶。

剑桥大学特洛伊计算机实验室的科学家们爱喝咖啡。在工作时,为了看咖啡煮好了没有,要下两层楼,但结果常常不尽如人意,咖啡总是还没煮好,往往要不断下楼查看,大家都觉得很烦恼。

为了解决这个麻烦,他们编写了一套程序,并在咖啡壶旁边安装了一个便携式摄像机,镜头对准咖啡壶,将咖啡壶的状况传递到实验室的计算机上。这样一来,科学家们可以随时了解咖啡的情况,等到咖啡煮好之后再下去拿,省去了来回上下楼的麻烦。

经过更新完善后,这套简单的"咖啡观测"系统于1993年传入互联网,没想到的是,仅仅为了窥探"咖啡煮好了没有",全世界因特网用户蜂拥而至。

为了"偷懒",聪明的程序师、科学家们想出了更便捷的应用,物联网的概念最早便可追溯于此。

简单地说,物联网是把所有的物品与互联网相连接,进行信息交换和通信的技术。应用物联网我们对物品便可达到智能化识别、定位、跟踪、监控和管理的目的。

但确切来说,物联网的理念最早出现于比尔·盖茨1995年的《未来之路》一书。1999年美国AutoID中心的阿什顿教授在研究无线射频识别(RFID)时首先提出"物联网"的概念,这也是2003年掀起第一轮华夏物联网热潮的基础,同年召开的移动计算和网络国际会议上提出了"传感网是下一个世纪人类面临的又一个发展机遇"。

2005年11月,在突尼斯举行的信息社会世界峰会(WSIS)上,国际电信联盟(ITU)发布了《ITU互联网报告2005:物联网》,正式提出了"物联网"的概念,此时,物联网的定义和范围已经发生了变化:物联网将无所不在,世界上所有的物体——从轮胎到牙刷、从房屋到纸巾等等都可以通过因特网主动进行交换。但是,尽管率先提出了"物联网"的概念,但对于它究竟是什么,那时候的人们并不清晰。

2008年后,为了促进科技发展,寻找经济新的增长点,各国政府开始重视下一代的技术规划,不约而同地将目光放在了物联网上。[1]

互联网的发展和利用为物联网创造了条件:利用百度搜索查询信息,进入新闻媒体网站了解天下事,可以说,实现了"人与信息"的连接,更宽泛地讲,也是"人与物"的连接;而现在我们常用的通信App,例如腾讯QQ、微信等,我们接触的另一端是人,实现

---

[1] 尤瓦尔·赫拉利.未来简史:从智人到智神[M].林俊宏译.北京:中信出版社,2017:96.

了"人与人"之间的连接；再进一步，物联网将实现"物与物"之间的连接，用通俗的话来说，物联网即物物相连的互联网。

某位教授在一次讲座中说："以后芯片的数量肯定是现在的几十倍，到时候我们都会享受到各种芯片强大的计算能力。"

这时，一位听众当场起来反驳他道："难道这栋大厦也会安装几个芯片吗？"随后引来哄堂大笑。

十年后，当这位教授再次来到同一地点开讲座时，这里已经安装了几十个芯片。每扇门的侧面都有一个门禁芯片，走廊里面有各种传感芯片来负责感应温度变化以检测火情等等。[1]

如果现在你说"未来我们能直接与冰箱、镜子甚至整个城市进行'交流'，甚至物体与物体也能'交流'"，也许你会面临与这位教授一样的"窘境"，但随着技术的发展、时代的变化，我们有充分的理由相信，这一切将在某一天实现。

## 二、物联网的作用

你一定丢过东西，比如心爱的玩具不记得放在哪儿了，怎么找都找不到。你有没有想过，如果所有东西，都能通过互联网查询到它的位置，那么你就不必再为了找东西而翻箱倒柜了。

相信现在的你应该很熟悉二维码，这个黑白相间的几何图

---

[1] 黄峰达 . 自己动手设计物联网 [M]. 北京：北京电子工业出版社，2016

形,用智能手机扫描后,相关信息将会立刻出现。

你拥有自己的二维码,那么,你有没有想过,未来大到一栋楼、一个足球场,小到一件衣服甚至一颗糖果等,都拥有各自独一无二的二维码呢？这样一来,万事万物都成为一个个信息的载体、流量的入口,因而任何存在的事物都能变成"媒体"。

这就是互联网与物联网融合的表现:任何物体都可以联网,我们能够更直接地控制物体,物体自身可以"告知"自己的状况,并且通过互联网将这些状态信息传递给相关的人或物。

物联网使得世界上每一个物体都有一张自己的"身份证",而识别、判断、解读与联系这张身份证,则需要通过互联网的帮助。

你可能早上起来靠的是智慧闹钟,它能追踪分析你的睡眠情况;然后你走到浴室拿起一款智慧牙刷,它提醒你蛀牙该看医生了;接着,客厅的智能咖啡机会依据你以往的喜好记录,自动根据咖啡和牛奶的最佳比例帮你煮咖啡;出门时,开着智慧汽车,通过手机蓝牙连接,依据数据分析,自动为你播放最爱的歌曲。

我们曾经幻想过哈利·波特的魔法世界,也曾想象过传说中的神话世界,也许你会说,上述所说的这些设想难以实现。然而,科技就是创造人类设想的"不可能",更何况,我们现在已经在享用科技带来的便利了。

美国旧金山的 Mark One 公司发明了一款 Vessyl 智能水杯:将饮料倒入杯中,内置的传感器可以分辨倒入的是哪种饮料,并将成分、热量、咖啡因含量等数据,通过互联网同步云端后再回传到手机

资料链接

## 物联网的兴起

截至 2015 年底，全球移动通信用户达到 75 亿左右，超过人口总数，渗透率超过 100%，人与人的通信增长已显瓶颈，未来五年主要增长点将在于万物互联带来的物联网增长。

从计算机到家庭监视器再到汽车，联网设备的数量到 2020 年预计将达到 501 亿，其中，用于运动健身、休闲娱乐、医疗健康等的可穿戴设备会成为主要应用，人均连接设备数将从当前的 1.7 个上升到 4.5 个。五年内将有 6 万亿美元投入物联网解决方案的开发，所有投资到 2025 年将产生 1.3 万亿美元的收入。

2015 年，物联网的重要技术支撑——RFID 技术，产业规模超过 300 亿元，传感器市场规模接近 1000 亿元，但产业优势主要集中在中低端硬件领域。

上，帮你记录一天喝了多少饮料，做你生活上的营养师。

一个小小的杯子都能实现智能化分析，随着技术的发展，物联网时代已经到来。

由此可见，物联网的发展离不开互联网，它是现在也是未来发展的重要趋势。此外，它比互联网包含的范围更加广泛，可以说，物联网是一个新的、比互联网更大的"江湖"。

## 三、以车联网的应用为例

车联网概念引申自物联网,根据行业背景不同,对车联网的定义也不尽相同。

车联网即"汽车移动物联网技术",是指装载在车辆上的电子标签通过 RFID 等技术,在信息网络平台上对所有车辆的属性信息和静、动态信息进行提取和有效利用,并根据不同的功能需求对所有车辆的运行状态进行有效的监管和提供综合服务。

这一技术概念的核心是交通信息网络控制平台通过装在每辆汽车上的传感终端,实现对所有车辆的有效监管并提供综合服务,即智能交通。它是将先进的传感器技术、通信技术、数据处理技术、网络技术、自动控制技术、信息发布技术等有机地运用于整个交通运输管理体系而建立起的一种实时的、准确的、高效的交通运输综合管理和控制系统。

那么,车联网经历了怎样的发展过程呢?

1970 年,针对交通事故频频引发人员伤亡惨重的问题,日本首先提出智能交通系统(ITS)的构想,车联网由此开始发展。1989 年,欧洲国家提出具有最高效率和空前安全性的欧洲交通计划,并在 1990 年提出道路基础设施和环境专用系统,两者自提出以来便成为欧洲国家开展交通运输信息化领域研究、开发与应用的主要指导计划。

1992 年 ,美国建立智能车辆公路系统(IVHS),不仅使交通建设与运行走上高科技之路,使交通运输产业发生划时代的改变,而且对社会、经济、法律、土地利用等都产生深远的影响。1994 年,美国根据 IVHS 的实际研究项目,认为 IVHS 的名称已不能覆盖其全部内容,因而把 IVHS 改为 ITS,"智能交通系统"正式作为一个专有名词出现。

智能交通系统是通信、信息和控制技术在交通系统中集成应用的产物,能够带来显著的经济效益和社会效益。自此,车联网的概念为更多人所熟知,车联网系统得以迅速发展。

2003 年,欧盟开发了能够采集动态的环境信息和进行自动驾驶的车联网子系统 —— 欧洲智能交通协会(ERTICO),促进和支持 ITS 在整个欧洲的应用,共同创建一个成功的智能交通系统。

我国对车联网的研究起步较晚。在 2001 年,中国政府联合上海交通大学、吉林大学等高校提出 ITS,开始车联网的研究。"十一五"期间(2006 —2010),中国对车联网系统的核心部分的研究取得了重大突破,并于 2008 年用于北京奥运会期间交通的智能管理与信息采集。2009 年的广州亚运会期间,智能化"3G"客车首次出现在亚运历史上,这也标志着车联网技术正式走入社会视野。与此同时,互联网汽车市场也发展得很快。在地图方面,腾讯和阿里分别与四维图新和高德合作;在接口硬件方面,腾讯有路宝盒子,阿里推出智驾盒子。百度也推出了 Carnet 开放车联网协议。

由此可见,虽然我国对车联网的研究起步晚,但发展速度较快。不过与国外相比,我国的车联网发展仍旧存在许多技术上的差距。[1]

车联网承载了车与车（V2V）、车与路（V2R）、车与网（V2I）、车与人（V2H）等的互联互通。缺少以上的任何一项都不能称之为完整的车联网。

车与人的连接：车联网并不一定就是汽车上装一块屏连上网，也可以通过其他可穿戴设备实现人与车的连接，例如，专为特斯拉汽车开发的谷歌眼镜应用 Wearable Computer，它可以检查并控制汽车的充电状态和内部的空调系统。如果你在停车场找不到自己的车，该应用还可以使你的车鸣响喇叭并使车灯闪光，助你找到自己的车。在车与人的信息交互中，方向盘不再是唯一的控制工具。

车与路的连接：在车上，你时常会遇到不太熟悉的环境——附近有什么？能为我提供什么？周围环境如何？布局车联网，可以植入本地生活服务、地理位置服务、搜索等应用，你在车上就能了解路边的相关所需信息。

车与车的连接：现在，汽车扩大了我们出行的范围，使我们能快速抵达目的地，但在某种程度上也限制了我们的活动范围——我们必须在车内驾驶汽车。未来，在车上开展即时通信、社交，旅游时在路上就能找到同游者。例如，谷歌的无人驾驶汽车技术，就是通过数据计算与控制来实现车与车的互动——通过摄像机、雷

[1]  黄鸿基，王雨菡等 . 车联网特点与发展趋势 [J]. 中国新技术新产品，2016（15）：175-178.

达传感器和激光测距仪来"看到"其他车辆,并使用详细的地图来进行导航,避开车流密集路段。

车与网连接:未来汽车的互联网智能技术能感应到天气变化,如突遇暴雨、地面涨水,汽车能自己找安全地方开过去,避免因天气等意外情况造成的损失,还能实现防盗、防损等,车停在哪儿都不必担心。

现代汽车虽然给我们的生活带来了极大的便捷,但也产生了不少的"痛点"。车辆尾气排放导致空气质量恶化、能源大量消耗、交通拥堵等等,而未来的车联网,就着力于解决这一系列问题。

未来的车联网系统可以使感知更加透彻,除了道路状况外,还可以感知各种各样的要素——污染指数、紫外线强度、天气状况、附近是否有加油站等,同时还可以感知驾驶员的身体状况、驾驶水平、出行目的等。

资料链接

**车联网的应用**

据专家测算分析,2020年可控车辆规模将达2亿辆,车联网可减少约60%的交通堵塞,使短途运输效率提高近70%,现有道路网的通行能力提高2—3倍。我们可以大胆地预测,未来"黄金周"假期旅行也许能实现畅通无阻。此外,车联网可使车辆事故率比现在降低20%,交通事故死亡人数下降30%—70%,我们的出行将变得更加智能、安全。由此可以看出,发展车联网对我国汽车行业的发展具有重要的现实意义。

路线的选择不再追求"快速到达目的地",而是"最适合这次出行",汽车导航的中心将由道路转变为人类自身。

　　想象一下未来:按一个按钮,汽车就可以自动到达指定的目的地,你可以在车内和亲密的朋友聊天,你们可以看一场电影或者像在咖啡馆里一样相对慵懒而坐,不用全神贯注地紧紧盯着前方的马路,枯燥地度过堵车的时间,然后还要花更多的心思找到合适的车位并小心翼翼地把车停进去。

　　想象一下汽车成为互联网中的一个小发光点的场景:每一辆车都在不断传递和接收信息,车上的人也因此得到连接,这样所组成的错综复杂的网络中,将会诞生出一个新的世界。

　　你也许会觉得,这个未来还很遥远,然而事实恰好相反。沃尔沃负责研发的高级副总裁彼得·默滕斯表示,自动驾驶的普及离我们还有 15 年。

　　15 年,看似十分漫长的历程,对于汽车的发展来说,实在是弹指一挥间。

　　2000 年,一次严重的车祸让萨姆大叔的第三和第四椎骨之间的骨髓遭到无可挽回的损伤,自此,他终身瘫痪。

　　虽然下半生只能坐在轮椅上,萨姆大叔的意志却远超常人,他创立了自己的车队和慈善基金会。不过,对于酷爱赛车的他来说,曾经在赛车上享受风驰电掣的快感,到如今只能坐在轮椅上,看着赛车呼啸而过,这也成为萨姆大叔挥之不去的遗憾。

　　直到 2013 年,艾睿电子公司的出现。

他们愿意和萨姆的赛车队合作,一起研发一款仅仅用头部就能控制的赛车,帮助萨姆大叔实现梦想。

采用集成先进电子技术和人机界面对车进行改装,使得一个具专业赛车手资格的四肢瘫痪驾驶者可以在专业赛道条件下,安全操控赛车。你不是在做梦。

头部的左右转动控制赛车转向:当萨姆左右转动头部时,摄像机可以捕捉到头部转动引起的反射光的变化,精确度甚至能达到 0.1 毫米,然后车载计算机依据分析得到的数据,发出指令来控制赛车向左或是向右转向。

萨姆大叔嘴巴里含着一个压力传感器,它对应的是油门。传感器能非常敏锐地捕捉到萨姆吐出的气流,当萨姆匀速吐气时,赛车平稳加速,当萨姆猛地吐气时,赛车迅速加速。

要想刹车也简单,同样使用嘴里的那个压力传感器。当萨姆大叔下咬传感器时,对应的信号会传到刹车踏板,赛车安全刹车。安装在车身的全球定位系统(GPS)每秒会进行多达 100 次的定位,当赛车偏离车道时,赛车会自动驾驶回到正常轨道。

一年后,萨姆大叔终于重新回到了赛车场,他成了第 98 届印第安纳波利斯 500 英里大奖赛的一个合格的驾驶者。

在“印地 500”之后,他又驾驶了四圈,时速达到 107 英里。萨姆成为第一个在印第安纳波利斯站高速驾驶的四肢瘫痪者,赢得了全球赞誉。

而这一切的实现,离不开日益发展的车联网系统。

# 第二节　传感技术与可穿戴设备

💡 你知道吗？

　　喜怒哀乐，是人类的感受，不同性格的人，表现截然不同。有喜形于色的人，也有淡定不惊的人。人类一向认为，自己是最了解自己内心感受的。

　　然而，在未来，这一判断极有可能被传感技术与可穿戴设备所改写。通过一系列的指标与数据，很有可能，你自己都不知道的感受，机器已经了然。

　　那么，谁才是自身感情与感受的主人呢？

## 一、传感技术的定义与特点

　　为了更好地了解自己的身体状况，几乎每个人都有过体检的经历。然而，当有一天，体检的对象变成了整个地球，你一定会觉得十分不可思议。

　　但的确有人正在进行这项野心勃勃的项目：2009 年，惠普实验室打算建立一个"地球中枢神经系统（CeNSE）"，为地球

未来媒体在展望与想象之外

"把把脉"。

如何才能做成这一伟大的工程呢？—— 无数个小小的传感器。

通过数十亿个微型、廉价、结实和异常敏感的传感器，最终建立一个全球感应网络。

地球中枢神经系统使用的是一种体积小到只有在显微镜下才能看到的传感器，它是基于纳米技术制造的。

附着在桥梁上的传感器能将异常的震动报告给中央指挥系统和首批响应器，实时检测桥梁钢架是否有倒塌隐患；住宅中的传感器可以报告房屋中汞、铅和杀虫剂的含量；它还可以测定水流里的化学成分，勘察化学污染的源头。

该传感器可以测量一切事物，当然，它们还可以识别并习惯自己的主人。

小小的芯片究竟拥有怎样的力量，能探测到庞大地球的脉搏呢？让我们一起揭开传感器神秘的面纱。

据 MBA 智库百科的定义，传感技术是指高精度、高效率、高可靠性地采集各种形式的信息的技术，如各种遥感技术（卫星遥感技术、红外遥感技术等）和智能传感技术等。

形象一点来说，传感器让物体有了触觉、味觉和嗅觉等，让物体慢慢活了起来。如果把计算机比作人的大脑，通信比作人的神经系统，那么传感器就是五官和皮肤，承担着感知并获取自然环境中的一切信息数据的功能。

为什么会产生传感器？人们为了从外界获取信息，必须借助于感觉器官。而单靠人们自身的感觉器官,在许多情况下会受到限制和制约。为改变这种情况,就需要传感器。因此可以说,传感器是人类五官的延伸,又可称为"电五官"。

传感技术具有以下五个特点。

1. 知识密集程度甚高,交叉学科色彩极浓。

传感技术几乎涉及现代文明的所有科学技术。不同的传感器,其工作原理各异,理论上以物理"效应"、化学"反应"、生物"机理"为基础,与多门学科密切相关。在设计、制造、应用等方面,它涉及电工电子技术、生物技术等多方面知识。因此,传感技术是一门多学科交叉、互相渗透的知识密集性极高的学科。

2. 内容范围广而离散。

传感技术涉及的内容十分广泛,它所涉及的物理学、化学、生物学以及其他学科中的基础"效应""反应""机理",不仅门类多,而且彼此独立。

3. 技术复杂,工艺难度大。

传感器的制造涉及集成技术、薄膜技术、特种加工技术以及多功能化、智能化技术等许多高新技术,因此,传感器的制造工艺难度很大,技术要求很高。

4. 功能优越,性能良好。

传感器的功能扩展性好、适应性强,它不仅具有人的五官的功能,而且还能检测人的五官不能感觉到的信息,同时能在人类无法忍受的高温、高压及核辐射等恶劣环境下工作。传感器具有测量的连续性、测量的远距性,灵敏度高、分辨率高、精度高,量程宽、可靠性好等特性。

5.品种繁多,应用广泛。

现代信息系统中待测的信息量很多,一种待测信息可由几种传感器来测量,而且一种传感器可测量多种信息,因此,传感器的品种繁多,应用广泛,从航空航天、兵器、交通、机械、电子、冶炼、轻工、化工、煤炭、石油、环保、医疗、生物工程等领域,到农、林、牧、副、渔业,以及人们的衣、食、住、行等生活的方方面面,几乎无处不使用传感器,无处不需要传感器。

## 二、传感器如何助力新闻报道

我们都知道,每天我们所浏览阅读的信息,它一定有个源头。过去信息报道,都是靠人进行信息的采集,不管这些信息是来自专业媒体人还是普通公众。但是,未来的信息采集,将有相当大的部分依赖物体上的传感器。

我们较为熟悉的无人机新闻,就是借助传感器进行新闻报道的一个分支,在突发事件直播、灾难报道、纪录片制作中发挥着越来越重要的作用。无人机从高空传回数据,可以看成是对记者视觉的拓展,记者将这些数据用到新闻报道当中,便生产出了传感器新闻。

普利策新闻奖是美国新闻界的最高荣誉,现在,不断完善的评选制度已使普利策奖成为一个全球性的奖项,被称为"新闻界的诺贝尔奖",而其中分量最重的莫过于公共服务奖。2013 年,该奖项被美国佛罗里达州的《太阳哨兵报》摘得,作品主要内容是警员下班后鲁莽超速行驶事件。

2011 年,在佛罗里达州劳德代尔堡发生一起严重交通事故,肇事者为一名超速驾驶的退役警察。从 2010 年开始,当地警察经常在高速上疯狂超速驾驶,这已是人尽皆知的秘密。当这次交通事故在新闻上发布后,终于激起了民愤,民众开始在各大论坛及社交网站上讨论警车超速事件。但当地警局辩解称这只是个案,不是普遍情况,他们并不接受公众的指责。

在美国佛罗里达州,每个警察都有每天把公车开回家的特权,而且警车不需要缴纳过路费。佛罗里达州高速公路收费不是人工服务,是非常自动化的。

记者克丝汀当然知道这不会是个例。她通过查阅多年的数据资料归纳出,自 2004 年起,该州由警察超速驾驶导致的交通事故有 320 起,并且导致 19 人丧生,然而最终只有一名警察入狱。是因为警察的身份而逃避了法律的严惩和巨额的罚款吗?还有多少警察超速事件是没有被记录在案的?克丝汀立刻意识到这会是一个非常值得关注和调查的社会问题,她需要证据。

可是证据从哪儿来?如何在不侵犯隐私的条件下证明警察超速?怎样的数据是最真实可信的?记者试验多种方法,但都不了了之。

　　为了获得可信的调查结果,克丝汀与运营该州高速公路收费站传感系统的"阳光通"(Sun Pass)公司合作:高速公路上自动测速仪会有牌照及时间的记录,每辆警车都有一个自动识别器,车辆穿过高速公路自动收费站就会被记录,而从驶入到驶出高速公路期间,至少会被自动识别仪记录两次。高速公路的长度是固定的,路程除以时间就是平均速度。

　　分析后得到的结果令人震惊,2012年2月,克丝汀和梅因斯在《太阳哨兵报》发表新闻。在13个月的时间里,警车高速超速事件有5100起,其中96%时速约在145公里到177公里之间。从时间记录上来看,大部分超速事件发生在非公务时段。这则报道引起了警局大震荡,涉案的12个部门的近800名警察陆续受到不同程度的处罚。

　　当然,围绕"传感器新闻"这一前沿话题,还有太多问题值得探讨。比如,哪些公共设施中的传感器可被媒体所用,什么样的新闻选题值得专门建立传感器工程,如何看待其中可能涉及的隐私和道德伦理问题,甚至有哪些制作简易传感器的技巧等等。

## 三、可穿戴设备的由来与发展

　　电视剧《黑镜》第一季里,人们都佩戴了智能隐形眼镜,经历过的一切都被眼镜拍摄下来,并可以随时调取,情景重现。

　　科幻电视剧里的情景正在逐步成为现实。目前,索尼、三星等科技巨头,都陆续申请了智能隐形眼镜专利。

索尼公司获得了用户通过眨眼来控制其内置摄像头的隐形眼镜专利申请。这种隐形眼镜有一种特殊的内置传感器,可确定人是否是有意识地眨眼睛。眼睛虹膜周围特殊的一层负责拍摄和存储视频。隐形眼镜通过眼球运动充电,通过无线模块传递信息。你所看到的都能成像,将不是想象。

可穿戴设备是指能直接穿在人身上或能被整合进衣服、配件并记录人体数据的移动智能设备。它是 20 世纪 60 年代美国麻省理工学院媒体实验室提出的创新技术,利用该技术可以把多媒体、传感器和无线通信等技术嵌入人们的衣着中,可支持手势和眼动操作等多种交互方式。

这样看来,智能隐形眼镜只是可穿戴设备中极为微小的一个分支,可穿戴设备未来将

资料链接

### 可穿戴设备的类型

细数目前已经问世和即将问世的可穿戴设备,基本包括四大类:

1. 运动和健康辅助的 Jawbone Up、Nike+FuelBand、Fitbit Flex 以及国内的咕咚手环、大麦计步器等;

2. 可以不依附于智能手机的独立智能设备,如 iWatch 和果壳智能手表;

3. 作为互联网辅助产品的 GoogleGlass、百度 Eye 类产品;

4. 与物联网密切相关的体感设备 MYO 等。

(来源:智库·百科)

"飞入寻常百姓家"。

可你知道吗？可穿戴设备的诞生居然是由于赌博。麻省理工学院的数学教授爱德华·索普在他的赌博指南《击败庄家（第二版）》当中写道，他成功地使用自己制作的可穿戴计算机在轮盘赌当中作弊。索普和联合开发者克劳德·香农发现，自己的设备在赌局当中可以为佩带者带来 44% 的优势。

为了在游戏当中取得优势，基思·塔夫脱发明了一款用脚指头操作的可穿戴计算机 George。在这款设备的"帮助"下，发明者在一个周末就输掉了 4000 美元，随后 George 便被"打入冷宫"。

手表计算器在 1975 年就出生了。它给大家留下了深刻的印象。多少孩子都梦想有一个"考试神器"。高校教师史蒂夫·曼发明的 6502 电脑将当时的 Apple II 型电脑装进了背包中，然后将显示器固定在头盔之上，在当时绝对是先锋式的尝试。

19 世纪，诞生了电子助听器，但是到 1987 年才出现了可编程的助听器，可以调节多种模式。而发明了背包电脑的史蒂夫·曼时隔 13 年后，带来无线网络摄像头设备，并且通过这个设备上传图片到网络，许多人因此把曼称为首个"life logger"（人生记录器）。到了 2000 年，世界上首个蓝牙耳机开始出货。

再到后来，可穿戴设备经过一系列的发展，在不断的改善中让人们的生活变得更加美好。

例如,在智能手机还没有发明时,人们若想要上网查询资料,或是发送邮件进行社交等,需要依托电脑这一载体才能进行,这一阶段叫 PC(个人电脑)阶段,你必须走到电脑面前,才能利用电脑进行操作。

但台式电脑不能随身携带,而笔记本电脑又稍显笨重,自然而然地,人们就开始思索,能不能将电脑"穿戴"在身上,让它变得轻盈微小,而我们又能随时随地利用它。

这就是可穿戴设备的起源思路 —— 试图对电脑进行穿戴式改造。当然,在起初阶段,受技术等因素影响,开发者们设计出来的设备五花八门、千奇百怪,以实现功能服务为目的,对产品的外形和审美并未过多注意。

不信你看看 10 年前的可穿戴设备:

2006 年 3 月,Eurotech 公司曾推出过一款型号为 Zypad WL 1000 的手腕式电阻式触屏电脑。

2012年,设计师 Bryan Cera 设计了一款名为 Glove One 的手套形电话,可直接安装 SIM 卡使用。

资料链接

### 中国可穿戴设备市场规模庞大

IDC《中国可穿戴设备市场季度跟踪报告》显示,2017年第一季度中国可穿戴设备市场出货量为 1035 万台,同比增长 20.3%。其中,以手环、儿童手表、智能跑鞋为代表的基础可穿戴设备同比增长 19.0%,以智能手表为主的智能可穿戴设备同比增长 32.3%。

据悉,中国儿童手表市场出货量高达 351 万台,同比增长 64.9%。该市场在经历了 2016 年的高速发展期之后,2017 年迎来由 2G 向 4G 产品升级的阶段。

当然,时代在进步,科技也会发展,对于未来的可穿戴设备,我们有充足的空间去研发设计。

## 人体芯片

2014年11月，雷蒙德·麦考利（Raymond McCauley）做了一个大胆的决定：通过探针送入一个直径为2毫米、长为12毫米的芯片胶囊至自己的虎口位置。

在植入之后，这枚芯片给麦考利的生活带来了巨大改变。

植入的芯片支持数据存储，也支持近距离通信的无线传输。所以，麦考利只需要拿手机从手上扫过，就可以读取芯片里存储的信息，或是在里面存入新的资料——在整个胶囊的"生命周期"中，仅仅写入操作就可以进行超过10万次。

如今，麦考利已经将自己的名片信息存在芯片里，别人只需要用手机一扫，就能获得他的联系资料。他回家只需要将左手靠在门把上，然后一拧，不需要找钥匙就能开门。

事实上，早在很多年前，将芯片植入人体，用以控制疾病、延长生命、控制武器，甚至操控思想，就已成为小说和电影中屡见不鲜的的想法。

当然，这样做对人体有多大的风险，对人类的生命安全、隐私保护等有何危害，目前仍然未有结论。

不过，可以确定的是，任何一项技术，如若使用不当，都会走向歧途。或许，这也是在思考任何一项颠覆性科技成果时，我们必须直面的关键问题。

（节选自《把芯片埋进皮肤》，见《文汇报》2015年5月10日第6版）

你知道吗？未来的可穿戴设备也许能了解你的想法和可能做出的行为。因为你的生理变化大多来源于心理作用，比如紧张时会心跳加速、呼吸急促，它能通过监测神经系统的信息，了解被监测人的想法。

传播学大师麦克卢汉早就说过"媒介是人体的延伸"，从这个意义上说，毫无疑问，可穿戴设备自然是"人体的延伸"。

当然，对于现在我们所处的时代来说，可穿戴设备还是一种"新载体"与"新介质"，辅助我们常用的智能手机与平板电脑等设备，未来能否"反客为主"，还是个未知数。

如果有一天，可穿戴设备得以普及，那么我们无须携带任何东西就可以随时随地地收集和传播信息，未来的信息化会让世界更透明，更没有距离。但对海量信息的筛选与甄别等，也将成为人类所必备的素质。此外，对新闻信息的传播提出了更高的要求，不仅是快速，还须真实可靠，须蕴含信用、责任以及公正的价值观。

就像前文提到的萨姆项目，它成功帮助一个残疾人拿回他曾经拥有的东西 —— 开赛车的自由、追逐梦想的自由。这个技术未来还会帮助更多的"萨姆大叔们"拿回自己的独立性，完成他们的心愿。

让人们生活得更好，才是科技真正的意义。

# 第三节　智能家居

💡 你知道吗？

　　一挥手电视自动打开，一抬头灯就自动亮起来，你一进门房间温度就是最舒适的温度，这些以往只能在科幻电影中出现的家庭画面，其实在现实生活中正在逐步实现，这就是日渐发展成熟的智能家居。

　　只需要一部手机，就可以让家里的电器全部听你命令，进门不用钥匙，留言不用纸笔，墙上有"耳"，随时待命。

　　世界首富、微软董事长比尔·盖茨就是国外第一个使用智能家居的人，至今已有三十年的历史了。外界称他的住宅为"预言未来生活"的科技豪宅。

## 一、智能家居的前世今生

　　早在半个世纪以前，人们想象中未来的房子是由塑料和玻璃纤维构成的。

　　1957年，丹麦的迪士尼乐园曾展出过一座价值100万美元的样板房:四个胶囊形状的房间围绕一根柱子悬空而建,从远处看,整套房子就像悬浮在空中一样。房子内部,电器在不用时可以收纳进工作台中,水池可以根据需求调节高低。屋子里还有视频电话的早期原型、可以散发海水或松针香味的制热和制冷设备。最赞的是,屋子里虽然没有冰箱和冷藏室,但却设有三个"冷藏区",只需按下按钮,冷藏室就会从天花板上降下来。

几十年来,冰箱的设计倒是没怎么变过,不过在提到物联网的时候人们倒总是会说到小冰箱。物联网,指的就是让物体联网,让它们感知周围环境并互相沟通。

现在,你会用冰箱来给饮料降温,但在未来,你家冰箱会根据你储藏的食物来调节温度,甚至提醒你多喝水,在牛奶喝完之前自动为你从商店订购好一瓶牛奶。

这也让我们对未来生活充满了想象:几十年后人们会如何生活? 会如何和家居互动?

那么,什么是智能家居? 它拥有怎样的功能? 未来的它会是什么样子呢?

1984 年,智能家居萌芽:世界公认的第一幢"智能大厦"在美国哈特福德(Hartford)市建成。它由一幢旧金融大厦改建而来,被命名为"都市办公大楼"。该大楼有 38 层,总建筑面积 10 万多平方米。联合技术建筑系统公司(UTBS)当初承包了该大楼的空调、电梯及防灾设备等工程,并且将计算机与通信设施连接,廉价地向大楼中的住户提供计算机服务和通信服务。

1997 年,智能家居启蒙典范:比尔·盖茨于 1997 年耗资近 6300 万美元建成的智能豪宅。比尔·盖茨的家里使用多个高性能 Windows NT 服务器作为系统管理后台,所有家电、门窗、灯具、池塘、水族箱均由电脑控制;访客从一进门开始,就会领到一个内置微芯片的胸针,地板中的传感器能在 15 厘米范围内跟踪人的足迹,当感应有人来到时自动打开系统,离去时自动关闭系统,甚至宅中的一棵百年老树都配有传感器,可以根据需水情况实现自动浇灌。

2000 —2011 年,智能家居探索期:由于技术不稳定、成本偏高、体验性差等因素,智能家居未能实现普及与落地。

2012 —2014 年,智能家居新浪潮运动:随着移动互联网、智能手机等技术和产品的普及,云计算和物联网的兴起,智能家居获得资本市场的青睐,大量单品"飞入寻常百姓家"。

## 二、智能家居的图景

### (一)它有"嘴巴"

"现在我需要一杯咖啡。"当你起床说出这句话时,咖啡机便自动启动程序开始煮咖啡;当你进入厨房打开冰箱,它会自动根据现有食材与你的口味偏好为你推荐菜单,甚至主动采购欠缺食品、清除过期食品。

未来的家居都得依靠 Wi-Fi 和声控,但不必担心,家居不会此起彼伏地"嚎叫"着。你家只会有一个认知"小管家",它掌控所有的设备,甚至可能还会成为你的私人生活管家。

(二)它有"大脑"

现在,市场上已经有了 Roomba 这样的扫地机器人。美国卡内基梅隆大学的机器人学家克里斯托夫·阿特基森表示,将来还会有帮我们擦桌子和洗澡的机器人。总有一天,机器人将会为我们叠衣服、做饭和清理杂物,而且无须人的指令,因为它们能够预测人的需求。

电影《超能陆战队》中,机器人主角"大白"既能识别他人跟它说的话,又能机智地给出回答。当语音识别和人工智能两项技术完善到一定程度,从冰冷的机器身上获得人与人交往的温度将成为可能。事实上,日本的科技公司已开发出一种叫 Pepper 的机器人,它能够预测人的情绪并作出反应。

也许线上和线下生活之间的分界线总有一天会消失,人类与智能机器人之间的联系将为我们的社会发展带来新的方向,你家机器人会成为你的朋友和家人的替身。

(三)它有"眼睛"

今后,你不仅能随时知道家里有没有人,还能知道谁在家里。未来,摄像头不仅能通过面部识别软件来鉴别身份,还能通过生物认证感应器,凭借指纹、心跳等各种特征来辨别身份。一旦确认是谁在家,智能系统就能根据他们的喜好自动调节灯光、室内温度、播放音乐等。

当然,有了这些技术以后,妈妈就再也不怕我们被锁在门外了！前门的安全系统会自动认出你，你连钥匙都不用带。

　　未来，你的智能家居系统还能够监测你的日常生活，包括你的睡眠时间、锻炼情况、饮食喜好以及体征变化等。如果你觉得这些也没什么可惊讶的话，或许将来你家的厕所能通过你的排泄物来判断你的身体是否健康。

　　"生活在未来"曾经是一句口号，但已经逐渐变为现实。科幻电影中令人羡慕的场景已经部分实现，但还需要进一步进化、完善，这得依靠一代又一代人的不懈努力。可以预计的是，未来几十年后，人类的生活将变得更方便、舒适。

# 第四节　青少年与未来媒体

 你知道吗？

　　法国哲学家帕斯卡尔曾说"人是一根有思想的芦苇"，他的意思是，人像芦苇一般的脆弱，然而，却因为有了思想，变得伟大、坚韧起来。

　　人类的思想，人类的智慧，创造了技术，也创造了未来。

未来的媒体世界是怎样的？谁也没有笃定的答案。但是，未来世界一定是由人所创造的，这是确定无疑的。

我们应该怎样认识未来媒体？又该以怎样的姿态面对它呢？最后一节，让我们再一起走进未来媒体。

# 一、未来媒体的积极影响 [1]

麦克卢汉曾指出，"媒介即人体的延伸"，任何形式的媒介都无外乎人感官和感觉的扩展及延伸，媒体的每一次突破性发展都意味着人感官能力的进化与提升。传统媒体通过文字、图片等信息延伸人的视听空间，新媒体与当下媒体通过连接与交互拓展人的信息感知，而未来媒体则通过万物媒体化实现人与媒介信息的"一体化"，让人的感受与新闻报道相结合，让人不仅是读新闻、听新闻、看新闻，更是"感受新闻"。

（一）无人机，让人类的眼睛"飞起来"

曾经，新闻的诞生源于记者或通讯员脚步所能达到的地方，无法抵达之处，就成为新闻的盲区，或是处于安全考虑，或是由于现实条件，我们只能用脚步"测量"大地。

无人机的发明改变了这一切，它让人类的眼睛像上帝一样，俯瞰着整片大地。人类的脚步无法达到的地方，无人机可以达

---

[1] 向安玲，沈阳．全息、全知、全能 —— 未来媒体发展趋势探析 [J]．中国公报，2016（2）：8-12.

到。如今,无人机航拍的资讯已成为娱乐和社会新闻抢占第一落点的制胜法宝,它超越了人类脚步的极限,拓展了人类的视野与记录的方式;无人机通信网络构建使得"移动新闻源"无处不在;此外,无人机相关信息采集规范及隐私保护制度也在不断升级。从 2013 年美国电视台利用无人机采集环境污染、台风灾害等多个新闻视频,到 2014 年国内媒体航拍昆山爆炸事件、钓鱼岛照片,再到 2015 年纪念抗战胜利 70 周年阅兵、天津爆炸事故、叙利亚难民出逃等多个震撼人心的航拍画面出炉,无人机已超越记者脚步极限,成为媒体捕获一手资讯和受众眼球的利器。

(二)机器新闻,一秒生产,内容活泼

你知道吗? 现在你所看到的许多天气预报以及与火车票、飞机票等有关的新闻,都是出自机器人之手,机器新闻年产量已突破 10 亿篇。机器新闻通过对大数据的分析与利用,套用一定的新闻模板,用一定的语言让死板的材料变成内容丰富的新闻,甚至完全看不出程序化的痕迹,当然,目前它多应用于数据密集型的报道,新闻中的"人情味"等人文因素还有所欠缺。

虽然机器新闻产量正在逐年超越传统创作,但这并不意味着机器人写手将取代传统媒体人,"能做回新闻的本职工作,而不是忙于数据处理"是机器新闻引入的本旨。机器人写手的补充性存在极大地解放了媒体人的劳动力,新闻记者将更加专注于独到的深度报道和人文关怀叙述,媒体人的核心素养将进一步升级。

（三）虚拟现实、增强现实打造仿真体验新闻

VR 和 AR 技术在电影、电视和网络等传媒领域的应用已有先例，包括多维电影制作、虚拟演播及转播、虚拟产品展示等多类应用已被用户广泛接受。

VR 和 AR 呈现给受众的不再是一个画面、一种声音和一段文字，而是一种仿真的"体验"。如果应用到新闻领域，它能让新闻记者更直接、真实地抓取新闻要素，同时也让读者能更切身、自主地体验到现实场景。

VR 和 AR 技术使得媒体多维时空的呈现能力、人性化交互能力、引导性构想能力都得到了极大的提升，颠覆了受众和信息的交互关系，媒体将真正作为人的延伸器官去触碰这个世界。

（四）智能硬件让枯燥的数据活泼起来

智能硬件是一种播报工具和数据来源。在国外，早已有利用智能硬件辅助新闻报道的先例。《华尔街日报》借助用户 GPS 定位创作了"看图猜城市"的可视化互动新闻，纽约公共广播电台邀请听众用温度传感器共同制作"蝉鸣"实验报道，《休斯顿纪事报》通过传感器探测报道化工厂土壤污染情况，麻省理工学院媒体实验室开发"穿着读"的"感官小说"体验角色情感变化等等。

小巧的智能硬件，人人都可以拥有，也让全民都成了新闻的制造者，随时随地记录数据、拍摄现场，同步的网络传播，人与媒体实现零距离贴近，新闻的来源变得异常丰富多彩。

可以肯定的是，未来的媒体将会颠覆信息的生产与传播过

程。未来,信息将无处不在,报道将超越人类的极限。

## 二、未来媒体的风险预警

"如果技术是一种药,它的副作用是什么?"科技电视剧《黑镜》的编剧查理·布鲁克的话让人陷入沉思。

前文,我们对未来媒体的相关图景有了大致的把握,也主要了解了它会给我们的生活带来怎样有利的改变。但是,任何事物都是一把双刃剑,有利必然有害。那么,未来媒体对我们来说,有怎样的不利影响呢?

(一)科技对人的取代

你知道吗? 2013 年 9 月,牛津大学的卡尔·弗瑞和迈克尔·奥斯本发表了《就业的未来》研究报告,调查各项工作在未来二十年被计算机取代的可能性。

根据他们所开发的算法估计,美国有 47% 的工作有很高的风险被计算机所取代。例如到了 2033 年,电话营销人员和保险业务员大概有 99% 的概率会被取代,运动赛事的裁判有 98% 的可能性,收银员可能性 97%、厨师可能性 96%、服务员可能性 94%、律师助手可能性 94%、导游可能性 91%、面包师可能性 89%、公交司机可能性 89%、建筑工人可能性 88%、兽医助手可能性 86%、安保人员可能性 84%、船员可能性 83%、调酒师可能性 77%、档案管理员可能性 76%、木匠可能性 72%、救生员可能性 67%。

另外根据《未来简史》的预测,军队会大规模削减。就业会受到重大影响的还有:各种流水线(比如制衣业)上的工人、银行柜台人员、旅行社职员、金融交易员、基金经理、律师、教师、医生、药剂师、秘书、客服人员等。

当然,到了 2033 年也可能出现一些新职业,比如虚拟世界的设计师。然而,此类职业可能会需要比当下日常工作更强的创意和弹性,而且医生和金融交易员中年失业后,能否成功转型为虚拟世界的设计师,也很难说。就算他们真的转型成功,根据社会进步的速度,很有可能再过 10 年又得重新转型。毕竟,算法也可能会在虚拟世界里打败人类。所以,不止需要创造新工作,更得创造"人类做得比算法好"的新工作。

2016 年,出现了各种关于人工智能的报道:

日本的人工智能医生,15 分钟阅读 50 万份医疗资料,为人类医生宣布放弃治疗的女病人规划治疗方案,并成功治愈。

2016 年年末,撰稿机器人写了一篇 300 字的社会新闻报道。

2016 年俄罗斯最大的银行 ——Sberbank 宣布,他们将普及机器律师,而这将导致大约 3000 名在银行工作的律师被炒鱿鱼。

美国已经提上日程的无人机快递和无人驾驶,被认为会造成快递员和司机大量失业。

众多震撼人心的新闻,都在向外传递一个信息:人类将逐渐被更聪明、更高效、低投入且不知疲倦的人工智能机器人所取代。

未来,人会被机器所取代吗? 其实,对人类而言,未来媒体与科技更多的不是取代,而是补充。上海学者、散文家赵鑫珊说过:科技的进步一年一个样,但人性的进化很慢,千年难变。科技可以完美复制一个笑容的弧度,甚至可以精确到毫厘,但它无法复制人类笑容背后的甜蜜与快乐。

事实上,机器只会按照程序设定执行任务,它们太守规矩了,无法像人类一样根据实际情况做出变化。此外,机器也无法理解爱、创意、理解以及团结等人类独有的情感和概念。不管智力水平如何,机器给人的感觉总是冷冰冰的,有些缺乏人情味。

机器只有逻辑思考的能力,没有感性思维,而人工智能是人手、眼、耳等器官的延伸,其终极作用是服务于人类自身。

既然进化与改变是大自然亘古不变的铁律,人类还会进化吗? 人类应该做出怎样的改变? 这是回答人类如何与人工智能相处的前提!

人工智能的产生是历史的必然,人类的进化与改变也是必然。人类大可不必过度恐惧与担忧,因为,这一切都是我们一定要面对的。

我们所能做的,就是学习与进步,在人工智能到来之前,让自己成为一个智能的人。[1]

由于我们无法预知今后的就业形势,现在也就不知道该如何教育下一代。等我们的孩子长大成人,他们在学校学的一切知

---

[1] 虎嗅网.相比《西部世界》,《黑镜》更有可能是我们的未来.[EB/OL].2016.http://www.huxiu.com/article/168657.html

识可能都已经过时。在人们传统的思维中,人生主要分为两大时期:学习期和之后的工作期。但这种传统模式也很快就会彻底过时,想要不被淘汰只有一条路:活到老,学到老,不断汲取知识,成为更好的自己。

这是未来媒体所引发的关于就业的讨论,我们必须要有这样的认识。

（二）科技对人的限制

柏拉图著名的"洞穴比喻"说的是这样一个故事:一群囚徒被困在地穴当中,他们从小就在那里,被锁链束缚并且不能转头。他们的后方有一堆火,由于只能看到墙壁,囚徒自然而然地认为火光照在墙上的影子就是真实世界的样子。直到有一天,一个囚犯挣脱了枷锁走出洞穴,看到了真实的世界。他回到洞穴向其他人宣布:墙上的影子只是虚幻的事物,真实的世界远比影子精彩,但是没人相信他。

对于囚徒来说,通过视觉观察到的影子就是他们能够用来认知真实世界的全部信息量,因此他们想当然地就把影子当作这个世界的全部。VR、AR 也是如此,它们不改变现实世界的物理法则,但改变人们接收到的现实世界的信息,实现对五官感受的控制,这才是 VR、AR 的真正形态。

被誉为"终极思考机器"的未来学家雷·库兹韦尔( Ray Kurzweil ）也曾在《奇点临近》一书中写道:"随着计算机智能大大超越人脑⋯⋯人类可以通过先进的纳米技术将自己大脑中的全部内容

上传给电脑,那么,肉体死去了,只需将电脑中的'你'输入另一个躯体中,而新的'你'就继承了你全部的记忆、智慧、情感、知觉等,人类将能够一直活在虚拟现实当中。"

在这种观点下,VR、AR可以定义为一种新的意识系统,本质上仍属于意识范畴,是人类意识的延伸。它强调了肉体存在的非必要性,将人类对物理世界的识别转变为数字化的虚拟世界,借助外部电子设备建立起一个半永久性的精神社会。抛开所有对立面的伦理批判,这也许就是人类长久以来追求的"终极乌托邦"。

VR、AR发展到最后,人类将摆脱对现实世界以及肉体的依赖,全部的五官感受都将收进虚拟世界,最终实现意识形态上的"永生"。

或者,我们也仅仅只是身处"洞穴"的阴影之中,对真实世界一无所知的奴隶?谁知道呢!

（三）科技对人的控制

此外,现在的我们已经有了这样的习惯:打开搜索引擎,找想要的信息;打开新闻客户端,看看新闻;打开微信"朋友圈",了解下朋友的动态。

在很多人眼里,手机成了真正人人必备的信息入口,互联网则成了唯一的信息平台。我们看到的信息变多了,网络使我们变得更加自由。但从另一方面来说,当我们多数人越是依赖某一平台,我们想要的信息被垄断和控制也变得越容易了。

康奈尔大学的计算机教授索斯藤·乔基姆·约阿希姆曾经做过一个实验,观察用户点击 Google 搜索结果的情况,其中第一条结果有 42% 的点击率,而第二条则是 8%。也就是说,不管剩下的结果怎么样,前两条结果已经吸引了 50% 的注意力。

接着,他们互换了前两条的位置,结果变成了 34% 和 12%。

这也就是说,不管结果本身怎样,用户仍然只关心最开始的那条,而最初的位置则具有最大的价值效益。

我们以为有了全新的信息入口,选择变得更多了,但其实我们的选择变得更少了。

我们享受着个性化的服务:通过大数据与人工智能分析,搜索引擎提供的都是我们最有可能点击的网页;"今日头条"中,我们关心的才是头条;网易"云音乐"努力让我们总是听到喜欢的歌……

这也就是个性化推荐和私人订制。

近几年随着机器学习的发展,个性化推荐愈发有效。我们能用新闻客户端看到更感兴趣的资讯,能用音乐客户端听到更喜欢的歌。在这之前,我们都疲于从无数的资讯和歌曲中分辨哪些才是我们喜欢的。

当这些个性化推荐系统逐渐明白我们的喜好后,就会很精准地提供给我们最喜欢的,而且永远都是最喜欢的。

互联网观察家伊莱·帕里斯在 2011 年的 TED 演讲上,把这样的现象叫作 The Filter Bubble,也就是过滤泡沫。

过滤泡沫让我们只关心世界的一小块,而且是越来越小的一小块。更可怕的是，由于我们自己并不清楚过滤泡沫的存在，所以我们也不知道自己不知道。

在小说《1984》里，电子屏无处不在。"老大哥"依靠这个监视着每个人。如今城市里的公共场合中，摄像头也是无处不在的，虽然目的不是监视我们，但至少提供了监视我们的途径。

未来在某些人工智能技术足够成熟后，数据可能有更重要的意义。目前的数据也许只是个人用途，但未来的数据可能是社会性的。这些数据如果被滥用，后果将不堪设想。[1]

## 三、如何正确对待未来媒体

每个人都在社会中生活，拥有多重角色，比如你，既是爸爸妈妈的孩子，又是老师的学生，可能还是别人的哥哥或姐姐等等，不同的角色，表明我们拥有错综复杂的人际关系。

换句话说，人是社会化的产物，没有人能够逃脱他人而独立存在，而人与人之间的交往会产生信息，并把这些信息传递出去，这也是媒体的作用之一。

未来媒体会是怎样，这本书所描述的一切都是一种假定和想象。当然你也可以有自己的想法，但在它到来之前，我们应该如何对待它，才能让它与人类和谐相处，以我为主，为我所用呢？这

---

[1] 虎嗅网.相比《西部世界》,《黑镜》更有可能是我们的未来 [EB/OL].2016. http://www.huxiu.com/article/168657.html

是我们需要思考的问题。

(一)不害怕它,也无须抗拒它

美国加利福尼亚未来研究所所长保罗·萨弗认为,一项新的科学技术,完全普及需要的时间是 30 年,以 10 年为一个阶段,可以分为以下三个阶段。

第一个 10 年:大家会产生许多的好奇与兴奋,但大多数人并不习惯这项新技术。

第二个 10 年:新技术在普及过程中,不可避免地出现"潮涨潮落",有时发展迅速,有时受到诸多阻碍。

第三个 10 年:每个人都拥有这项技术,并且已经习以为常,大家说:"没什么大不了的,不过是一项技术。"

结论的准确与否还有待商榷,但我们可以明显感觉到,科技的发展速度和我们接受新事物的速度都越来越快。

诚然,任何技术的出现都有好坏两面,就像一枚硬币拥有正反两面一样自然,我们不能因为它可能带来的不利影响,就忽略它的正面价值,就像交一个新朋友,不能因为他有一些缺点,就全盘否认他。

未来媒体也不例外,其实选择权在我们自己手中。如果它让你的生活变得更好了、更便捷了,你自然会选择它,例如智能家居能让我们更好地享受生活。如果它让你的生活变得糟糕了,让你觉得购买它是一种浪费,那么它自然会被市场淘汰。

你知道什么是现代化吗?经济学家认为,现代化是人类对自然的控制与利用能力,也就是说,人在多大程度上开发自然,现代化就程度就有多高。而社会学家和人类学家认为,现代化的其他特征还包括:激发大众对现代和未来生活的兴趣,使人类不受制于自然力量,信赖科学和技术。

媒体自然是现代化的产物,未来也将是现代化的参与者、推进者。因此它一定会朝着人性化的方向发展,为我们服务。如果我们怀着一颗客观、平静的心去看待、选择它,它自然会成为我们的好助手。

（二）学会思考,而不是沉迷

你大概已经知道,人类是从猿猴演变而来的,猿猴当初可不是大自然的主宰,我们也可以理解 —— 它跑得不快,没办法与其他动物竞争食物,甚至会成为其他动物的盘中餐;它力气也不大,在大自然的竞争中处于劣势,在遥远的远古时代,它很普通。

然而,当它逐渐学会直立行走,学会用火,学会使用工具时,便慢慢在大自然的竞争中胜出,我们说这是进化,其实也蕴含着先祖思考的火花。

因此,是思考让我们变得不一样了,因为会思考,我们成了自己的主人,而不是提线木偶。

的确,科技的发明与创造都是人类智慧的结晶,它由人产生,但产生之后,究竟谁占主导地位,这还真不好说。例如我们都很熟悉的智能手机,在现代生活里我们几乎离不开它,它的确给我们的生活带来了许多的改变,但我们可以说自己控制了智能手机吗？多少人离不开手机，产生了对信息的焦虑等等，究竟是我们掌控智能手机，还是智能手机掌控了我们呢？

如果有一天，未来媒体无处不在，那么，你究竟会成为一个有独立思考能力的人，对新事物有自己的态度和看法，认识到各种信息背后的实质，还是沉沦于未来媒体令人眼花缭乱的诱惑之中呢？

（三）以我为主，为我所用

究竟是技术与工具操控了人类，还是人类掌控了技术与工具，这个命题的确很难弄明白，因为不同的人有不同的答案。

技术或工具得以创造发明的最初目的不外乎以下两点：它一定是人性化的，某个方面值得人称赞的。要使工具发挥最大的效用，不是成为它的奴隶，而是做它的主人。

未来，媒体无论发展成为怎样的形态，它的根本属性还是人类的工具，或是用于沟通交流，或是用于教育娱乐等等，无论它的功能多么强大，内容多么吸引人，我们都应该警惕。

沙发土豆（couch potato），一个有点怪异的表达，指的是这样一群人：他们拿着遥控器跟着电视节目转，蜷在沙发上什么事都不干，只会看电视和吃垃圾食品，人也变得胖胖圆圆的，像一个土豆。这一表达最早诞生于美国，用来描述当时的新媒体电视诞生后对人的影响。

当然，如今电视已经不是什么新媒体了，可它曾经是，并且带给了人们如此的影响。每一种媒体技术一开始都是新媒体，那么，在未来下一种新媒体到来后，我们会不会成为另一种形式的"沙发土豆"呢？

这就要看未来媒体究竟是为你所用，还是你为它所动。

未来，是有无限可能的，大家正处于成长和学习阶段，对于新鲜事物的学习有着浓厚的兴趣，但同时也缺乏自主性，对事物的认识不足和经验的缺乏使得同学们对信息的良莠不能做出客观、全面的判断。

通过媒体，我们可以方便快捷地获取大量的课外知识，了解国内外大事。青少年平时学业任务重，与报纸接触少，也没有很多固定时间看电视、听广播，接触较多的就是智能手机的 App 以及社交媒体，而平台型媒体上的应用有的是独立开发的，有的是依附于某个大型应用的，其分发渠道就是社交媒体。我们当下接触最多的便是新媒体。合理使用新媒体，我们可以获得专业权威的知识和信息。

运用媒体提升个人形象，展现自我风采，也是个不错的选择。媒体信息来源开放，每个人都可以成为平台内容的生产者。如果你觉得自己对军事消息感兴趣，而且有看法和见解，不妨试着在相关的媒体上发稿，也可以申请专栏或者公众号，说不定下一个少年成名的人就是你。如果你梦想做一名记者，或者想成为作家，媒体也给了我们很多机会练手，比如"简书"。简书是一个集写作与阅读为一体的网络平台，大家可以在简书上注册自己的账号，发表文章，供他人公开阅读。

在未来媒体中,每个人都可以成为一块闪闪发光的金子,只要你有勇有志有谋,有知识有储备有志向,少年成名就不是幻想,而是切实可求的。

未来媒体将会从根本上改变我们与外界的交流方式。通过未来媒体将人际交往圈扩大,自我展现的意识得到满足,这些都是可能实现的。

我们已经通过微博、微信等社交媒体,增强与外界的沟通和联系,这些新媒体平台几乎都有推荐好友的功能,而平台所推荐的好友往往都是有共同爱好、共同好友或是在同一个地区的人。通过关注对方的动态,了解对方的喜好,从而变成现实的朋友。

现代媒体语境创造了一个自由开放的交流空间。随着学习生活的压力加剧,我们通过各种社交媒体平台来表达自己的想法,发表自己的言论,公示自己的行为,彰显自己的个性,来吸引外部对我们的关注。媒体的发展为我们充分展示自己提供了一个舞台,提高了我们的社会参与度。

媒介传播往往承载着政治倾向、政治价值判断的标准,我们在接触各种各样信息的过程中,应树立正确的价值观念,在社会主义核心价值观的的指导下辨清是非,区分善恶,做负责任的小公民。对于有志于从事新闻舆论工作的同学来说,学习和掌握新的传播手段,有利于增强新闻舆论的传播力、引导力、影响力和公信力。

纵观科技的发展历程,我们不难发现,每一次新技术的发明创造,的确都在抽离人的部分劳动:曾经我们需要徒步或依靠牲畜才能到达目的地,而现在我们有诸多快捷的选择 —— 汽车、高铁、飞机等等;曾经我们是男耕女织的小农社会,春种夏收,几乎任何事情都要亲力亲为,现在我们实现了农业机械化,纺织机械等器具的发明使得织布制衣变得轻松快捷;吸尘器、空调等家用电器的普及,使得人们的生活变得更加舒适。不可否认,我们如今的生活离不开这些技术。

2005 年,雷·库兹韦尔在《奇点临近》中断言,2045 年,计算机智能将超越人类智能。尽管今天的我们还无法判断 2045 年这一断言是否会成为现实,但是,人类智能的突破确实指日可待,而这也就意味着机器对人类更大程度的入侵,以及人对机器更大程度的依赖。

这究竟是人的完全新生,还是人的全面异化,也许只有时间才能告诉我们。

但是,我们不必恐慌,也不能过于乐观。我们需要理性地看待问题,既要看到它的积极作用,也要看到它的不利影响,并尽量发挥它最大的作用,消除不利影响。

对于未来,我们总是充满想象的。但最终世界会变成什么样,我们也许不得而知。那就让我们去创造吧。

💬 讨论问题 ·····························································

　　宏伟与芳芳在阅读完这本《互联网与未来媒体》后，陷入了沉思。他们就最后一章展开了讨论：

　　1. 你渴望未来媒体的到来吗？为什么？

　　2. 除了书本讲述的关于未来媒体的构想，你还有什么设想？

　　3. 任何事物都有两面性。在你看来，未来媒体会给你的生活带来怎样的改变？

·····························································

# — 学习活动设计 —

活动一　电视剧《黑镜》里有这样一个情节:每个人的眼睛里都被安装了芯片,它无时无刻不在记录你所看到的一切,并且可以根据你的意愿选择回放,甚至能够投影出来,分享给他人观看。

这一情节是有依据的。如今,谷歌公司已经在研发具有记录功能的隐形眼睛了。据说,人只要眨眼睛就能瞬间拍照。

请记录你的一天,可以用手机拍照或文字等等,并且思考:在这一天发生的所有事件中,哪些是你需要记录的? 为什么? 如果一切都被记录并共享,你愿意吗?说出你的理由。

活动二　小说《三体》里,有一款类似于 VR 的游戏。一个人穿戴上相关的衣物和帽子,进入游戏后,就能身临"三体"的世界,那个世界的炎热、酷寒与荒凉,你都能一同体验。

如果有条件,利用 VR 设备去体验一次 VR 新闻,它是否能带给你身临其境的感受? 你会有怎样的体验?你认为,如果未来的新闻以这样的面貌呈现,会有怎样的好处和弊端?

活动三　机器人写作已经不再稀奇了。我们在之前的章节里已经了解到，机器人不仅会写诗，连参加数学考试都能考出高分，这表明它已经越来越智能化。

　　寻找一篇机器人写出来的新闻吧，比较一下它和人类写的新闻有何异同。比较过后，说说你觉得机器人，是否能在新闻领域取代人类，未来的记者将面临怎样的挑战。

# 参考文献

1. 张咏华. 媒介分析：传播技术神话的解读 [M]. 上海：复旦大学出版社, 2002.

2. [美] 沃尔特·李普曼. 公众舆论 [M]. 阎克文, 江红译. 上海：上海人民出版社, 2006.

3. [美] 尼尔·波兹曼. 娱乐至死 [M]. 章艳译. 桂林：广西师范大学出版社, 2007.

4. 段京肃. 大众传播学：媒介与人和社会的关系 [M]. 北京：北京大学出版社, 2011.

5. [美] 雷·库兹韦尔. 奇点临近 [M]. 李庆诚, 董振华, 田源译. 北京：机械工业出版社, 2011.

6. [以色列] 尤瓦尔·赫拉利. 人类简史：从动物到上帝 [M]. 林俊宏译. 北京：中信出版社, 2014.

7. 黄峰达. 自己动手设计物联网 [M]. 北京：电子工业出版社, 2016.

8. 彭兰. 万物皆媒——新一轮技术驱动的泛媒化趋势 [J]. 编辑之友, 2016（3）.

9. [以色列] 尤瓦尔·赫拉利. 未来简史：从智人到智神 [M]. 林俊宏译. 北京：中信出版社, 2017.

# 后 记

"四大火炉"之一的长沙,初夏时还没有让人体会到"火炉"的味道。虽然没有物理意义上的高温"烤验",但一个更大的心理考验却时刻悬挂在我的心头,那就是确保一个火急火燎的任务,宁波出版社委托的课题——"互联网与未来媒体"书稿在半年内完成。

从 2016 年 12 月初正式敲定课题开始,不知不觉,半年一晃而过。半年来,除了完成日常教学任务外,我每天晚上坚持伏案写作,冬夜频挑灯,夏夜闻蝉声,交稿期越逼近,写作越停不下来。即使当我在键盘上为书稿敲上最后一个字的时候,也未曾有一种如释重负之感。这是一本写给青少年的书,我实在不敢怠慢,每晚睡觉时,书稿的内容始终在我的脑海中挥之不去。

课题"互联网与未来媒体"是宁波出版社给出的研究方向,题目敲定之后,我组织几名本科生开始着手资料收集与初稿撰写工作。他们是湖南师范大学新闻与传播学院 2015 级播音与主持艺术专业本科生吴芋莹,湖南科技大学 2015 级新闻学专业本科生杨倩杰以及 2014 级新闻学专业本科生胡潇雨、伍汝苗、王露珠、吴乐洋、孙佳星、高嫄等。

通过与新一代青年的交流接触，我自己的知识面也在不断拓展着。这一过程中，我了解了当代青年对未来媒体的想法，这为我撰写该书奠定了主基调。在语言方面，我也尽量使这本书所呈现出来的感觉不那么学术。

每一个"明天"都是"今天"的未来，因此讨论"未来"的东西很容易过时，就像2016年底我开始着手此书，到不断修改后的今天，媒体世界已是别样风景了，但对未来媒体的想象与研究，永远不会过时。

凝聚了许多人心血的新书即将付梓，诸多感想交织于心，回望写作过程，感激是此时此刻最急切的表达，也是发自内心最深处的话语。

感谢宁波出版社《青少年网络素养读本》系列丛书的编撰出版，使我有机会承担其中一个项目的文本研究撰写工作。感谢恩师罗以澄教授以及宁波出版社总编辑袁志坚对丛书的精心规划，感谢宁波出版社陈静主任多次对丛书的进度进行调度。

在课题研究过程中，宁波出版社总编辑袁志坚以他丰富的工作经验和学识见解，解答了我研究中的疑惑。我的研究提纲以及初稿撰写都得到了他有益的指导与建议，我在具体写作过程中的一些疑问也得到了他的指点与解答。

感谢我的妻子和儿子默默支持我的课题研究工作。感谢我的工作单位湖南科技大学给了我宽松的科研环境。

　　在此,谨对其他各方面的关心、帮助,一并表示真诚的谢意。

　　最后,还要感谢看不见摸不着的时间老人,他记录着一切,也改变着一切。

2017 年 6 月 10 日

于泰时新雅园

**图书在版编目（CIP）数据**

互联网与未来媒体 / 黄洪珍著 . —宁波：宁波出
版社, 2018.2（2020.7 重印）
（青少年网络素养读本 . 第 1 辑）
ISBN 978–7–5526–3090–9

Ⅰ . ①互 … Ⅱ . ①黄 … Ⅲ . ①计算机网络—素质教育
—青少年读物 Ⅳ . ① TP393–49

中国版本图书馆 CIP 数据核字（2017）第 264152 号

| | | | |
|---|---|---|---|
| **丛书策划** | 袁志坚 | **封面设计** | 连鸿宾 |
| **责任编辑** | 陈 静 | **插 图** | 菜根谭设计 |
| **责任校对** | 尤佳敏 李 强 | **封面绘画** | 陈 燨 |
| **责任印制** | 陈 钰 | | |

**青少年网络素养读本·第 1 辑**
互联网与未来媒体

黄洪珍 著

**出版发行** 宁波出版社
　地　址　宁波市甬江大道 1 号宁波书城 8 号楼 6 楼　315040
　电　话　0574–87279895
　网　址　http://www.nbcbs.com
**印　刷** 宁波白云印刷有限公司
**开　本** 880 毫米 × 1230 毫米　1/32
**印　张** 5.75　**插页** 2
**字　数** 115 千
**版　次** 2018 年 2 月第 1 版
**印　次** 2020 年 7 月第 5 次印刷
**标准书号** ISBN 978–7–5526–3090–9
**定　价** 25.00 元

如发现缺页或倒装，影响阅读，请与出版社联系调换　电话：0574–87248279